空间结构光场的定制、检测及应用

李新忠　著

U0038789

中国原子能出版社

图书在版编目（CIP）数据

空间结构光场的定制、检测及应用 / 李新忠著. —北京：中国原子能出版社，2021.1（2021.9重印）

ISBN 978-7-5221-1220-6

Ⅰ. ①空… Ⅱ. ①李… Ⅲ. ①光学–研究 Ⅳ. ①O43

中国版本图书馆 CIP 数据核字（2021）第 028089 号

空间结构光场的定制、检测及应用

出版发行 中国原子能出版社（北京市海淀区阜成路 43 号 100048）
责任编辑 白皎玮
装帧设计 崔 彤
责任校对 冯莲凤
责任印制 赵 明
印　　刷 三河市南阳印刷有限公司
经　　销 全国新华书店
开　　本 787 mm×1092 mm 1/16
印　　张 11
字　　数 180 千字
版　　次 2021 年 3 月第 1 版 2021年9月第2次印刷
书　　号 ISBN 978-7-5221-1220-6 **定 价** **58.00 元**

网址：http://www.aep.com.cn **E-mail：atomep123@126.com**
发行电话：010-68452845

前　言

结构光场，广义上来说是一种对光场的振幅、相位、偏振、频率、时序及模场等进行多维度定制和调控的光场。若仅考虑空间域调控，则称为空间结构光场。空间结构光场以其独特的空间结构，被广泛应用于光学微操纵、微粒捕获、光镊技术、显微成像、量子信息编码、光学传感及光学测量等领域。因此，空间结构光场的调控、传输及应用成为近年来光学领域一个非常重要的前沿研究热点。基于此，本书主要将近年来作者在空间结构光场的产生、调控及检测方面的潜心研究成果进行了系统的总结。本书主要研究了因斯-高斯光束、艾里光束、高阶贝塞尔涡旋光束等几种不同类型的空间结构光场的定制，空间结构光场的模式变换技术，空间结构光场中的阵列涡旋光场的构建及调控，拓扑荷值的检测技术，空间结构光场的力场特性及微粒操控等内容。以期对相关领域的研究人员及工程技术人员有参考价值。

作　者

2020 年 10 月

目　录

第一章

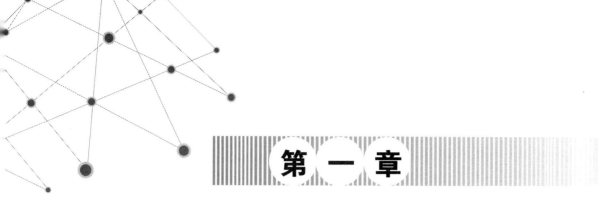

几种不同类型的空间结构光场的定制

1.1 因斯–高斯光束的计算全息法产生

自从世界上第一台激光器——红宝石激光器诞生以来，激光已经在许多科学学科和应用技术领域发挥作用，并且不断分化出许多分支学科和交叉学科。激光技术、集成光学和信息光学拓展了研究激光的新领域。

相对于日常生活中常见的光源，激光具有方向性好、不易发散以及高亮度的特点，它在空间上的分布具有很高的聚集性，其能量分布在传播方向上也具有较强的集中性。但是通过深入研究，发现谐振腔发出的激光在空间传播过程中并不是完全的保持准直，在空间中仍然具有一定的发散度，并且其光强在空间中的分布具有特殊的规律[1]。

通常情况下，激光谐振腔发出的基模辐射场，既不是均匀的球面波，也不是均匀的平面波。由自由空间近轴波动方程（the free–space paraxial wave equation，PWE）在直角坐标系下求得的准确正交解是厄米–高斯（Hermite–Gaussian，HG）模式，在圆柱坐标系下求得的准确正交解是拉盖尔–高斯（Laguerre–Gaussian，LG）模式[2]。2004 年，M. A. Bandres 等人首次推导出了空间近轴波动方程在椭圆坐标系下的准确正交解，即因斯–高斯（Ince–Gaussian，IG）模式，其光场的横向分布是由因斯多项式来描述的[3]。因斯–高斯模式是厄米–高斯模式和拉盖尔–高斯模式之间的连续过渡模式，是一种自然存在于稳定谐振腔中的激光模式。

因斯–高斯模式在微操纵、制备涡旋光束等领域有着独特的应用前景。虽然利用厄米–高斯模式光束和拉盖尔–高斯模式光束也可以对微粒进行束缚操作[4,5]，但是因斯–高斯模式光束因其在横向光场的分布模式丰富多样（不仅包含奇模式和偶模式，而且对于不同椭圆参数的因斯–高斯模式光束的光强分布也不尽相同），所以在俘获微粒以及操纵微粒时更具有优越性。因斯–高斯模式光束的另一个重要用途是制备涡旋光束，由于涡旋光束具有空心结构，中心暗斑会降低对生命物质的伤害，因此在生物医学方面具有独特的优势[6]。

这些年来，由于因斯–高斯光束具有独特的性质和巨大的应用前景成为了目前激光研究领域的焦点。但是在自然界中不存在激光，更不存在因斯–高斯光束，无法对它进行直接研究。为了能够产生因斯–高斯光束，许多研究人员为此做出了努力，并且取得了一定的效果。2004 年，M. A. Bandres 等人[7]首次直接从稳定腔中产生因斯–高斯光束，它是在产生高阶拉盖尔–高斯光束的半导体泵浦 Nd：YVO_4 固体激光器的基础上微小平移输出镜产生的。这种方法能够产生纯净高效的因斯–高斯光束，但是对其模式种类的控制却较难实现。

本节研究了因斯–高斯光光束的理论特性，利用计算全息方法对振幅和相位进行调控来产生因斯–高斯光束，并与因斯–高斯模式理论对比，验证这种方法的准确性，进而论证这种方法的简易性和可靠性。

1.1.1 因斯–高斯模式的理论基础

为了得到因斯–高斯模式，进行如下工作：在 z 轴方向附近，可以得出一个沿 z 轴方向的近轴场：$U=\varPsi(\xi,\eta,z)\exp(\mathrm{i}kz)$，$(\xi,\eta)$ 为横轴的坐标，ψ 是缓慢变化量，它满足近轴波动方程（PWE）的解[8]：

$$\left(\nabla_t^2+2\mathrm{i}k\frac{\partial}{\partial z}\right)\varPsi(\boldsymbol{r})=0 \tag{1–1}$$

∇_t^2 是横向拉普拉斯算子，$\boldsymbol{r}$ 是位置向量，k 是波数。近轴波动方程的基本解就是高斯光束的模式方程：

$$\varPsi_G(\boldsymbol{r})=\frac{\omega_0}{\omega(z)}\exp\left[\frac{-r^2}{\omega^2(z)}+\mathrm{i}\frac{kr^2}{2R(z)}-\mathrm{i}\psi_{GS}(z)\right] \tag{1–2}$$

r 是半径，$R(z)=z+z_R^2/z$ 是高斯光束相位的前缘曲率半径，$\psi_{GS}(z)=\arctan(z/z_R)$ 是古依变换，$z_R=k\omega_0^2/2$ 是瑞利长度，ω_0 是在 $z=0$ 处的波束宽度。$\omega(z)$ 是 z 轴函数的波束宽度，由式（1–3）给出：

$$\omega(z)=\omega(0)\sqrt{1+\frac{4z^2}{k^2\omega^2(0)}} \tag{1–3}$$

为了获得近轴波动方程在椭圆坐标系的解，这里假设一个复波，它的解是高斯光束的形式：

$$\mathrm{IG}(\boldsymbol{r})=E(\xi)N(\eta)\exp\left[\mathrm{i}Z(z)\right]\Psi_G(\boldsymbol{r}) \tag{1-4}$$

其中 $E(\xi),N(\eta),Z(z)$ 是实函数。

在横轴 z 平面上，定义椭圆坐标系：$x=f(z)\cosh\xi\cos\eta$，$y=f(z)\sinh\xi\cos\eta$，$z=z$，$\xi\in[0,\infty)$ 和 $\eta\in[0,2\pi)$ 分别是径向和角向的椭圆变量。ξ 是曲线的共焦椭圆，η 的曲线是共焦双曲线。半焦点分离方程 f 的变化和高斯光束宽度的变化满足一定的函数关系，即 $f(z)=f_0\omega(z)/\omega_0$，$f_0$ 是在束腰平面 $z=0$ 处的半焦点分离。

式（1−4）有两个重要的物理性质：首先，除了相位 $Z(z)$之外，其他相位与零级高斯光束的相位相同。如果函数 Z 是 z 的一个缓慢变化的函数（根据轴向近似的要求），高斯光束和函数 $\psi_G(r)$ 具有相同的曲率半径：$R(z)$；因此，它们以同样的方式聚焦于透镜和镜子前。其次，式（1−4）的大小根据与高斯光束有相同的比例因子 $1/\omega(z)$，并且随着 z 的变化而一起变化。这里的因斯−高斯模式表示的并不是按照高斯强度分布的波束，而是与高斯光束具有相同的波阵面和角度散度的光束。

这里的因斯−高斯模式代表了一束非高斯密度的光束，如果有三个实函数模型 $E(\xi)$，$N(\eta)$ 和 $Z(z)$ 可以被解出，那么就可以确定在椭圆坐标系中满足式（1−4）的函数。将式（1−4）代入式（1−1）中，并利用其本身满足近轴波动的性质，得到了三个独立的常微分方程：

$$\frac{\mathrm{d}^2E}{\mathrm{d}\xi^2}-\varepsilon\sinh(2\xi)\frac{\mathrm{d}E}{\mathrm{d}\xi}-\left[\alpha-p\varepsilon\cosh(2\xi)\right]E=0 \tag{1-5}$$

$$\frac{\mathrm{d}^2N}{\mathrm{d}\eta^2}+\varepsilon\sin(2\eta)\frac{\mathrm{d}N}{\mathrm{d}\eta}+\left[\alpha-p\varepsilon\cos(2\eta)\right]N=0 \tag{1-6}$$

$$-\left(\frac{z^2+{z_R}^2}{z_R}\right)\frac{\mathrm{d}Z}{\mathrm{d}z}=p \tag{1-7}$$

p 和 α 是分离常数，ε 是椭圆率参数，定义为 $\varepsilon=2f_0^2/\omega_0^2$。式（1−7）是由 $Z(z)=-p\arctan(z/z_R)$ 得出。

方程（1−6）在因斯方程中的周期微分方程理论中是已知的，它最初是由数学家 E. G. Ince 在 1923 年研究的[9]。因斯方程是最一般的希尔方程的特殊情况，它已经被 F. M. Arscott 详细研究过[10,11]，这是使用这种方法的关键。而方程（1−5）可以由方程（1−6）代换得出，只需将 η 取代为iξ，反之亦然。这个代换是非常重要的，因为径向解 $E(\xi)$可以由角度解 $N(\eta)$得出。方程（1–6）中有三个重要参数，将 ε 视为和α、p 同看作具有一次关系的参数。求解方程（1–6）的分析方法非常类似于求解马蒂厄方程的方法[12]。方程（1–6）与马蒂厄方程的不同之处在于对某些值α和p，存在有限解，即解可作为有限三角函数的解或$\sin\eta$ 和 $\cos\eta$ 的多项式。

方程（1–6）的解被称为阶数 p 和级数 m 的偶数和奇数因斯多项式；它们通常分别表示为$C_p^m(\eta,\varepsilon)$和 $S_p^m(\eta,\varepsilon)$，其中对于偶数为 $0\leqslant m\leqslant p$，对于奇数为 $1\leqslant m\leqslant p$，所以(p,m)总是具有相同的奇偶校验，即 $(-1)^{p-m}=1$，ε 是前面定义的椭圆参数。

如果在右侧插入了因斯多项式的乘积，则式（1–4）对应于因斯–高斯模式的数学描述。如果寻找三维解决方案，只有ξ 和η 中具有相同奇偶校验函数的乘积满足整个空间的连续性，因此重新排列项并乘以 $\exp(\mathrm{i}kz)$，可以得出偶模和奇模因斯–高斯模式的一般表达式[13]：

$$\mathrm{IG}_{p,m}^{\mathrm{e}}(r,\varepsilon)=\frac{C\omega_0}{\omega(z)}C_p^m(\mathrm{i}\xi,\varepsilon)C_p^m(\eta,\varepsilon)\exp\left[\frac{-r^2}{\omega^2(z)}\right]\times \exp\mathrm{i}\left[kz+\frac{kr^2}{2R(z)}-(p+1)\psi_{GS}(z)\right] \tag{1–8}$$

$$\mathrm{IG}_{p,m}^{\mathrm{o}}(r,\varepsilon)=\frac{S\omega_0}{\omega(z)}S_p^m(\mathrm{i}\xi,\varepsilon)S_p^m(\eta,\varepsilon)\exp\left[\frac{-r^2}{\omega^2(z)}\right]\times \exp\mathrm{i}\left[kz+\frac{kr^2}{2R(z)}-(p+1)\psi_{GS}(z)\right] \tag{1–9}$$

其中 C 和 S 是归一化常数，并且 e 和 o 分别指偶数和奇数模式。由于$C_0^0(\eta,\varepsilon)=1$，所以具有条件(0，0)的因斯–高斯模式的光束是最基本的因斯–高斯光束。

为了正确描述因斯–高斯模式在腰平面的横向分布，需要给出奇偶校验。指数 p 和 m，以及以下三个参数中的两个：ε，ω_0 和 f_0，其中 $\varepsilon=2f_0^2/\omega_0^2$。这些量纲参数的物理意义很重要；而无量纲参数 ε 是调整光束横向结构的椭圆度，参数ω_0和 f_0 是缩放模式的物理尺寸。在平面 z=0 处的偶模和奇模低阶因斯–高斯模式的几个横向形状其中 m 对应于双曲线节点数，而 $(p-m)/2$ 是椭圆节点线的数量，不考虑奇数模式的$\xi=0$ 处的间隔节点线。

具有方位角依赖性 $\exp(\pm\mathrm{i}l\phi)$（因上式中 m 为级数，此处拓扑荷值用 l 表示）的拉盖尔–高斯模式具有沿着传播轴线方向循环旋转的相位[14,15]。以类似的方式，从式（1–8）可以构建螺旋形式的因斯–高斯模式[16]：

$$\mathrm{HIG}^{\pm}_{p,m}=\mathrm{IG}^{e}_{p,m}(\xi,\eta,\varepsilon)\pm \mathrm{iIG}^{o}_{p,m}(\xi,\eta,\varepsilon) \tag{1-10}$$

但其相位在以（$|x|\leqslant f,0,z$）所定义的线周围的椭圆形旋转。式（1–10）中的符号限定了旋转方向。式（1–10）对 $m>0$ 有效。因为对于 $m=0$ 没有定义 $\mathrm{IG}^{o}_{p,m}$。在图 1–1 中，示出了固定模式 $\mathrm{IG}^{e,o}_{10,6}$ 和腰部相应的螺旋因斯–高斯的横向大小和相位平面。对于这种指数的组合，该图案由三个明确定义的椭圆形共焦环组成，其轴上具有暗椭圆点。因此，将这种中空图称为“椭圆环”是适当的。对于一般情况，环的数量由关系式$1+(p-m)/2$给出。所以，可以用 $p=m$ 的模式生成单个椭圆环。

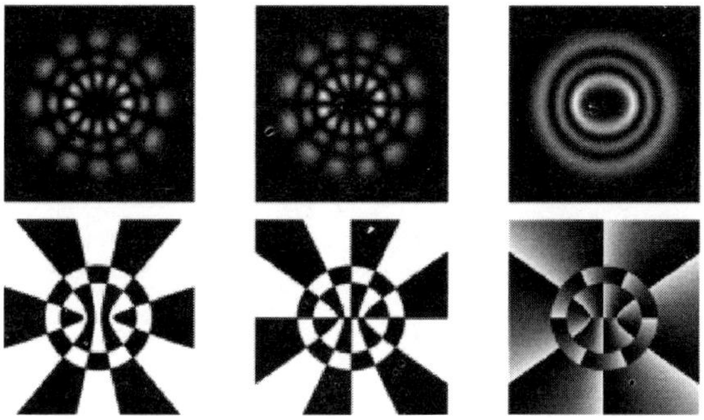

图 1–1　静态模式 $\mathrm{IG}^{e,o}_{10,6}(\xi,\ \eta,\ \varepsilon=1)$ 的横向振幅和相位以及腰平面处的相应螺旋因斯–高斯模式（注意，相位绕连接椭圆的焦点的线旋转。相邻环具有 π 相位跳变）

可以注意到螺旋因斯–高斯模式表现出类似于所谓的高阶马蒂厄光束的旋转和旋涡特征[17–19]，这些光束是椭圆坐标系下亥姆霍兹方程的精确传播不变解[20]。这里介绍的螺旋因斯–高斯模式可以用来构造椭圆光学镊子和原子陷阱，用以研究角动量向微粒子或原子的转移[21]。

1.1.2　因斯–高斯光束的计算全息再现

通过上述有关因斯–高斯模式的理论分析，开始设计实验来探究这种方法的准确性和可行性。为了保证实验的严谨，所做的实验在专用的光学试验台上进行，在实验过程中要保证实验台的平稳，避免撞击试验台干扰实验正常进行。

由于因斯–高斯光束在自然界并不真实存在，所以需要对传统的全息实验方法做以调整。其中本实验中所需要的全息干板（这里称之为掩模版）不能通过干涉光的照射产生，需要通过计算机软件模拟生成，制作掩模版所用软件为 MATLAB。根据预先设定好的程序，把实验仪器的有关固定参数（激光波长、透镜焦距等）依次输入软件。再根据实验安排，将下列级数（m）和阶数（p）的数值组合分次输入程序，并自动生成掩模版，存入 U 盘中，以备实验使用，实验设定数据如表 1-1 所示（所有掩模版的椭圆率参数 $\varepsilon=2$）。

表 1-1　实验设定的变量

（m，p）	IG^e		
	（1，1）	（1，3）	（1，5）
	（4，4）	（4，6）	（4，8）
	（6，6）	（6，8）	（6，10）
	IG^o		
	（1，1）	（1，3）	（1，5）
	（4，4）	（4，6）	（4，8）
	（6，6）	（6，8）	（6，10）
	HIG		
	（5，5）	（5，7）	（5，8）
	（6，6）	（6，8）	（6，10）
	（7，7）	（7，9）	（7，11）
	（8，8）	（8，10）	（8，12）

根据实验原理，在实验台上摆出如图 1-2 所示的实验光路图。

为了方便解释，将实验仪器用模型做以简化，做成实验光路图，如图 1-3 所示。

实验中使用的仪器较多，所以需要对实验仪器做以解释。如实验光路所图1-3所示，其中灰色部分是所做实验的激光光路；Laser 是能够产生波长 532 nm 激光的固体激光器光源，这是本实验所用的光源，也是在制作掩模版中输入的固定参数；T1 和 T2 是衰减片，用于调节激光的光强，避免在实验中由于光强太强造成实验仪器的损毁；PF 是针孔滤波器，用于产生一个点光源；L1、L2 和 L3 同为凸透镜（焦距为 250 mm），用于产生傅里叶变换；P1 和 P2 为可调节孔径的光阑，用于控制光通量的大小；Q1 和 Q2 是偏振片，用于通过特定偏振方向的光；BS 是立方体分束镜，用于分离衍射用的光束，

图 1–2　实验光路实物图

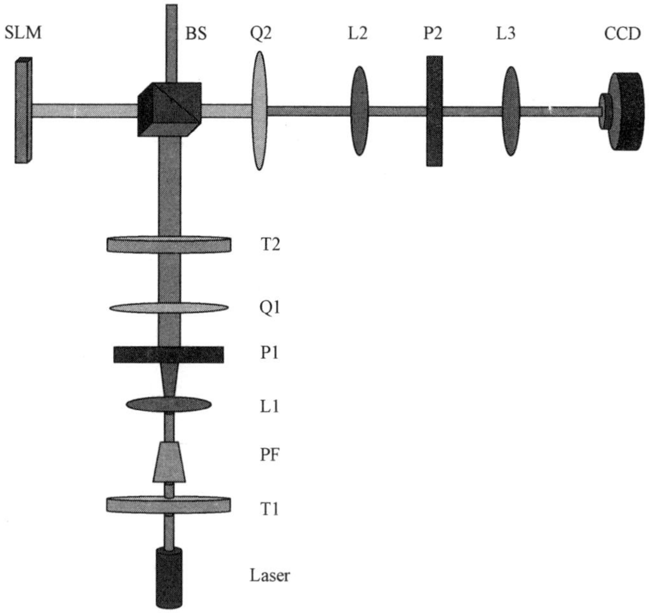

图 1–3　实验光路原理图

并改变光束的方向；SLM 为空间波调制器（德国 HOLOEYE 公司的 PLUTO–VIS–016 型相位空间光调制器，像素尺寸 8 mm，填充因子为 93%，分辨率为 1 920 pixel×1 080 pixel），用于加载掩模版的参数，并在调制器感光区域形成特定掩模版的形状；CCD 为相机（BasleracA1600–60 gc，像素尺寸为 4.5 μm×4.5 μm），用于记录全息再现的影像。

以上就是实验所使用的各个实验仪器的参数和作用的介绍，其中最重要的是由凸透镜 L2 和 L3 组成的一个 4 f 系统，它是产生因斯–高斯光束的关键。实验过程中，产生因斯–高斯光束需要的直接光源是一簇平行光束，所以激光器发出的激光不能直接使用，需要对该光光束进行必要的调节才能使用。

当固体激光器发出的激光光光束通过衰减片 T1 时，根据实验过程中的情况，可以通过调节衰减片 T1 改变激光光强，使之满足实验的条件。当激光光束通过针孔滤波器 PF 时，由于针孔滤波器的前缘在凸透镜 L1 的焦点位置，因此当激光光束通过凸透镜 L1 的同时会成为一簇平行光束。这样就产生了本实验直接用到的平行光束。

当平行光束照射到立方体分束镜 BS 时被分成两束光路，沿原来方向的光束为无用光束，另外一束被 90° 折射到空间波调制器 SLM 上，此时，空间波调制器上已经被输入了预先编辑好的掩模版，平行光束经过衍射反射后，通过偏振片 Q2 和凸透镜 L2，通过调节偏振片 Q2，可以筛选出偏振方向特殊的多级因斯–高斯光束。此时，虽然因斯–高斯光束已经被生成，但是它不仅包含了零级杂光还有因斯–高斯光束的共轭光束，不能直接观察出来，所以我们要对此光束进行分级处理，筛选出需要的光束。筛选光束的方法就是利用两个凸透镜做成的 4 f 系统，经过两次傅里叶变换就能将因斯–高斯光束分离出来，并独立记录。

多级因斯–高斯光束在 L2 处经过傅里叶变换后形成分级因斯–高斯光束（包括：+1 级的因斯–高斯光束、0 级的杂光和–1 级的因斯–高斯光束的共轭像），通过调节光阑 P2 的大小和高度，使得仅让+1 级的因斯–高斯光束通过，过滤掉其他两种杂光。当+1 级的因斯–高斯光束经过凸透镜 L3 时，此时光束第二次经过傅里叶变换，并最终得到因斯–高斯光束的原像。至此就可以得到完整的因斯–高斯光束。

为了对生成的因斯–高斯光束进行分析并与理论模型对比，用相机对生成的因斯–高斯光束进行收集处理。将相机放置与凸透镜 L3 后，调节相机的位置，就可以捕捉到因斯–高斯光束。并可以在计算机显示器上得到因斯–高斯光束的衍射图像。

在本实验中通过调节各个仪器，并在空间光调制器上输入不同模式的因斯–高斯光束的掩模版参数，就可以在相机处收集到不同模式不同参数的因斯–高斯光束。在本书中，制作并生成了 30 幅因斯–高斯光束的掩模版和实验实像图，这避免了实验的偶然性，保证了实验的客观性和准确性。

实验完成后将实验得到的因斯–高斯光束的实验实像图保存下来，得到如下三组图，如图 1–4～图 1–6 所示（IG^e、IG^o、HIG）：

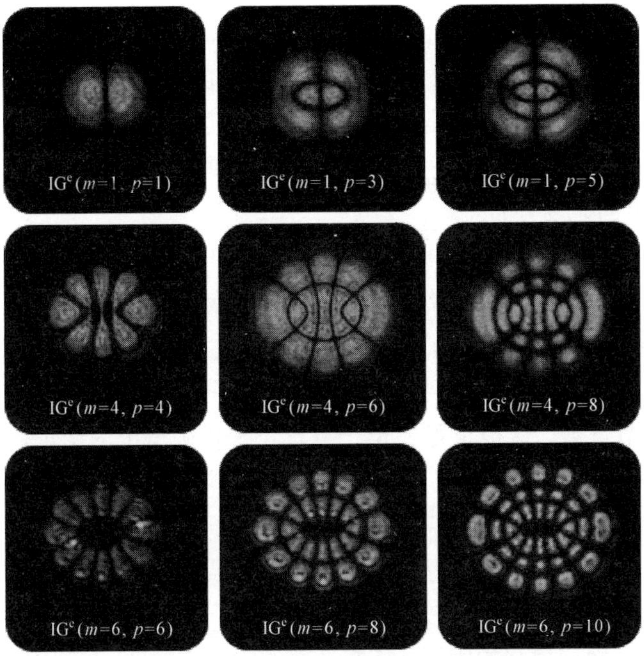

图 1–4　因斯–高斯光束的偶模实验实像，$\varepsilon=2$

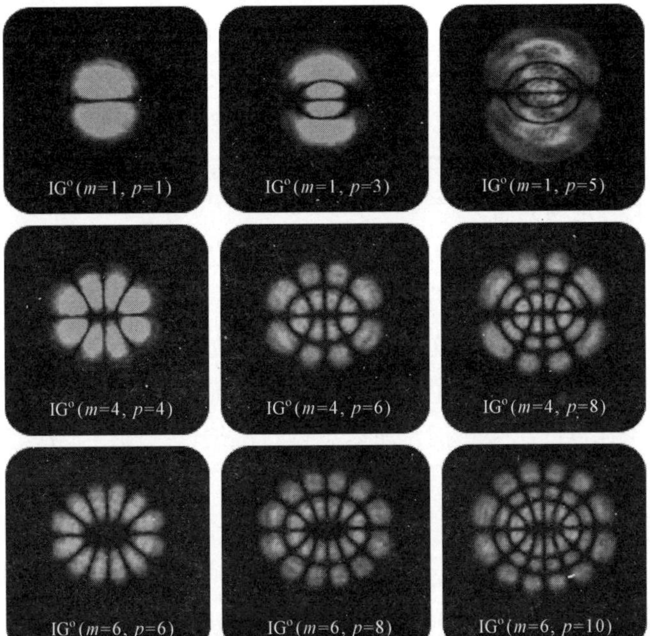

图 1–5　因斯–高斯光束的奇模实验实像，$\varepsilon=2$

图 1–4 和图 1–5 分别是因斯–高斯光束的偶模和奇模的实验实像图。在制作掩模版的时候将椭圆率参数统一设置成了 $\varepsilon=2$，所以本实验得到的实验实像图中光场的分布应该都是在特定椭圆度的椭圆周围，通过对比实验实像图发现结果是一致的，说明可以通过调控椭圆率参数调控奇模和偶模的因斯–高斯光束的光场分布。

为了正确描述偶模和奇模因斯–高斯光束的分布特性，通过图片对参数 p 和 m 进行分析。在第一章中将讲到 p 和 m 需要满足奇偶校验，即 $(-1)^{p-m}=1$，在制作的掩模版中也严格遵守了这个规则。参数 p 和 m 分别称为阶数和级数，通过对实验实像图的分析发现：m 对应于双曲线的线节点数，同时 $(p-m)/2$ 是椭圆的线节点数，这也正是在第一章理论分析中得出的结论。以图 1–4 和图 1–5 中的最后一张图为例，图中双曲线的线节点数为 6 条，等于参数 $m=6$；图中椭圆的线节点数为 2 条，等于（$p-m$）/2=（10–6）/2=2。通过对图中其他参数实像的对比，可以得出结论：利用计算全息的方法可以完美地再现因斯–高斯光束的奇模和偶模。

图 1–6 为螺旋模式的因斯–高斯光束的实验实像图。在制作螺旋因斯–高斯（Helical Ince–Gaussian，HIG）模式的掩模版时，为了实验的一致性，同样把椭圆率参数设置为 $\varepsilon=2$。根据螺旋因斯–高斯模式方程（1–10），在此模式下对于仅 $m>0$ 有效，因为对于 $m=0$ 没有定义 $IG^{\mathrm{O}}_{p,m}$。所以实验实像图中的光场分布应该是在以椭圆率 $\varepsilon=2$ 的周围，通过对比发现实验实像的结果与理论分析的结论是一致的，说明可以通过调控椭圆率参数调控螺旋模式的因斯–高斯光束的光场分布。

通过对图分析，参数 p 和 m 与椭圆环数量之间同样存在特殊的关系，总结发现椭圆环的数量等于 $1+(p-m)/2$，例如图 1–6 中参数（$m=6$，$p=10$）的实验实像，图中椭圆环的数量为 3 个，将参数代入对应的公式结果也为 3，对于其他参数的实验实像这个关系仍然成立。而总结出的椭圆环数量的关系式正好与理论计算的结果相同，所以可以得出结论：利用计算全息方法可以完美地再现螺旋模式的因斯–高斯光束。

通过对图 1–4～图 1–6 的分析，发现计算全息方法产生的因斯–高斯光束和理论模型拟合得非常好，由此可以得出结论：利用计算全息的方法能够对因斯–高斯光束进行全息生成再现，并能通过调控对应参数，控制因斯–高斯光束的模式和形状。

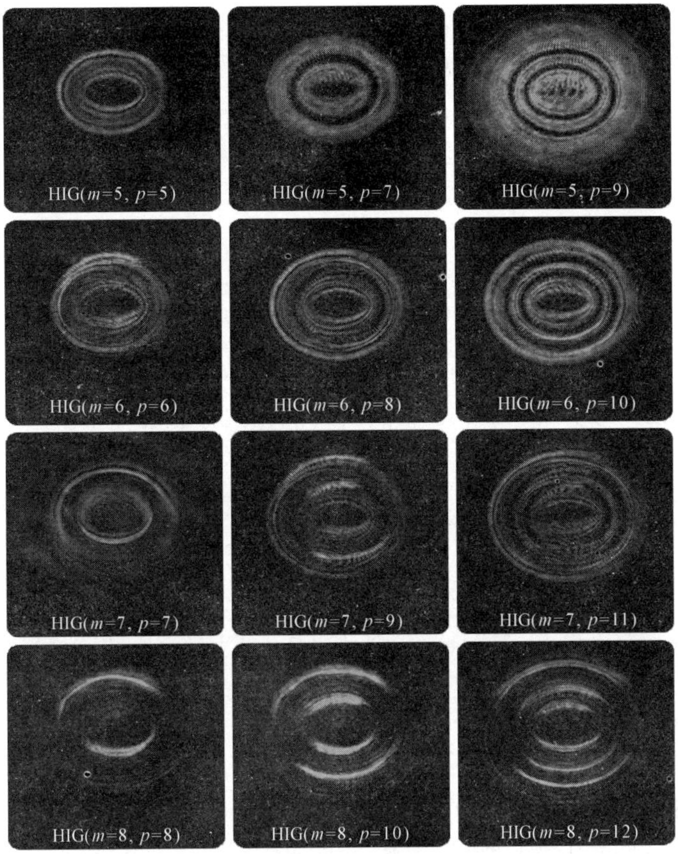

图 1–6　因斯–高斯光束的螺旋模式实验实像，$\varepsilon=2$

1.2　小级数因斯–高斯光束光强模式研究

因斯–高斯（IG）模式[2]是空间近轴波动方程（PWE）在椭圆坐标系上的准确正交解，是一种自然存在于稳定谐振腔中的激光模式。其模式分为奇模和偶模，因其与 HG 模式和 LG 模式相比，具有更为丰富的模式分布，一直吸引着研究者们的关注[22–33]。

2004 年，Bandres 等人[2]首次理论推导出了 PWE 在椭圆坐标系下的准确正交解，提出了 IG 模式分布，并发现它是 LG 和 HG 的过渡模式；为 IG 光束提供了理论基础。同年，该课题组在理论上发现 IG 光束的奇模和偶模线性组合可以生成椭圆形的涡旋光束[1]，称为 Helical Ince–Gaussian（HIG）光束，丰富了涡旋光束的类型。随后，Schwarz 等[7]首次在实验上从稳定谐振腔中直接产生了 IG 模式，为 IG 光束奠定了实验基础。2006 年，Bentley 等人[34]使用液晶显示器产生了 IG 模式和 HIG 模式，为 IG 光束的研究降低了实验成本。随后，IG 模式与 HIG 模式相继在微操纵[27]、制备涡旋光束或涡旋阵列[23,35,36]等领域得到广泛应用。最近，为了进一步扩充 IG 光束在精细操纵领域的应用，基于 IG 光束的奇偶模式，本课题组[37]提出了一种具有初始相位调控的 IG 模式分布（the Ince–Gaussian beam with initial phase difference），简称 PIG 模式。该模式大大丰富了 IG 光束的模式分布，实现了 IG 光瓣在椭圆轨迹上的精确位移控制，为 IG 光束在微粒操纵及光束微雕刻等领域提供了额外的调控自由度。然而，该文章仅研究了 PIG 模式级数 m 较大时的模式分布。而对比 IG 光束的奇偶模式，当 m 较小时，由于光瓣数量较少，光瓣上光强分布不均匀[2]，无法形成椭圆形的光瓣分布。此外，光强的分布直接影响着微粒捕获应用中的光场梯度力的分布[38]，因此，对于 IG 模式光场分布的研究具有重要的意义。PIG 模式作为一种最近才提出的对精细操作等领域具有潜在应用价值的 IG 光束模式分布，其分立光瓣模式的光强分布介于 IG 光束奇偶模式之间，因此对于 m 较小时 PIG 模式分布的研究有助于解析 IG 光束各种光瓣模式的光强分布，对微操纵领域具有重要的研究意义。

针对该问题，本节研究了 m 取值较小时 $\mathrm{PIG}^{\pi/2}$ 模式与 $\mathrm{PIG}^{3\pi/2}$ 模式的光强分布，以及其与 IG 光束奇偶模式光强分布的关系；并进一步探讨了 IG 光束各种光瓣模式的光强变化规律，为 IG 光束对微粒的精细操纵提供了理论依据。

1.2.1 PIG 光束的产生方法

首先考虑在椭圆参数为 ε 的椭圆坐标系下，IG 光束奇偶模式的表达式[1,2]：

$$\mathrm{IG}^{\mathrm{e}}_{p,m}(\boldsymbol{r},\varepsilon)=\frac{C\omega_0}{\omega(z)}C_p^m(\mathrm{i}\xi,\varepsilon)C_p^m(\eta,\varepsilon)\exp\left[\frac{-\boldsymbol{r}^2}{\omega^2(z)}\right]\times \exp\left\{\mathrm{i}\left[kz+\frac{k\boldsymbol{r}^2}{2R(z)}-(p+1)\psi_{GS}(z)\right]\right\} \tag{1-11}$$

$$\mathrm{IG}^{\mathrm{o}}_{p,m}(\boldsymbol{r},\varepsilon)=\frac{S\omega_0}{\omega(z)}S_p^m(\mathrm{i}\xi,\varepsilon)S_p^m(\eta,\varepsilon)\exp\left[\frac{-\boldsymbol{r}^2}{\omega^2(z)}\right]\times \exp\left\{\mathrm{i}\left[kz+\frac{k\boldsymbol{r}^2}{2R(z)}-(p+1)\psi_{GS}(z)\right]\right\} \tag{1-12}$$

其中，$\xi\in[0,\infty)$、$\eta\in[0,2\pi)$分别是椭圆坐标系的径向和角向椭圆变量，与笛卡尔坐标系（x，y）的变换关系为 $x=f(z)\cosh\xi\cos\eta$，$y=f(z)\sinh\xi\sin\eta$。椭圆半焦距 $f(z)=f_0\omega(z)/\omega_0$；$f_0$ 与 ω_0 分别是传播方向 $z=0$ 处截面光强的半焦距与高斯光束的束腰；$\omega(z)$是高斯光束在 z 处的截面宽度。$\boldsymbol{r}$ 是位置矢量。$\mathrm{IG}^{e}_{p,m}$ 和 $\mathrm{IG}^{o}_{p,m}$ 分别为 IG 光束的偶模与奇模；参数 p 和 m 分别指奇偶模式的阶数与级数；$C^m_p(\eta,\varepsilon)$、$S^m_p(\eta,\varepsilon)$ 分别表示阶数 p 和级数 m 的偶次与奇次因斯多项式；C 与 S 为归一化常数；R（z）为光波前的曲率半径；$\psi_{GS}(z)$为 Gouy 相移，k 为波矢。

具有初始相位差的 IG 光束的奇偶模式叠加生成的 PIG 模式[37]电场表达式为：

$$\mathrm{PIG}^{e,\varphi}_{p,m}=\mathrm{IG}^{e}_{p,m}(\xi,\eta,\varepsilon)\times\exp(\mathrm{i}\varphi)+\mathrm{IG}^{o}_{p,m}(\xi,\eta,\varepsilon) \tag{1-13}$$

其中，$\mathrm{PIG}^{e,\varphi}_{p,m}$ 的下标 p 和 m 代表给 PIG 的阶数和级数（$1\leqslant m\leqslant p$，且 $(-1)^{p-m}=1$）。参数 φ 为奇、偶模之间的初始相位差。下面，本节将重点研究参数 φ 取 π/2 与 3π/2 且 $1\leqslant m\leqslant 3$ 时，PIG 光束空间模式的分布。

1.2.2 实验研究与结果讨论

按上述的理论基础，采用数值模拟的方法，对 PIG 模式及其与 IG 奇偶模式的关系进行可视化研究。模拟中，选取参数 $\lambda=532$ nm，椭圆参数 ε 为 2，传播距离 z 为 375 mm，采样间隔为 0.05 mm。

图 1－7 为 $p=m=1$ 时，PIG 分立光瓣模式以及 IG 奇偶模式的归一化光强分布图。图中灰色虚线为计算出的光瓣最亮点的连线。灰色虚线旁边的度数为灰色虚线与水平线的夹角。图中可以看出 $p=m=1$ 时，这 4 个模式分布均为两个光瓣对称分布，光瓣上的光强分布十分稳定，即 4 种模式的变化过程中，每个光瓣上的光强分布无变化。由计算出的这 4 条连线夹角为 45° 可以知道，该状态下，PIG 分立光瓣模式相当于 IG^e 模式或 IG^o 旋转 45° 时对应的模式分布。符合参考文献[37]中提到的 PIG 模式分布规律，但是由于模式的光瓣数量较少，无法形成光瓣在椭圆轨迹上的精确位移调控。

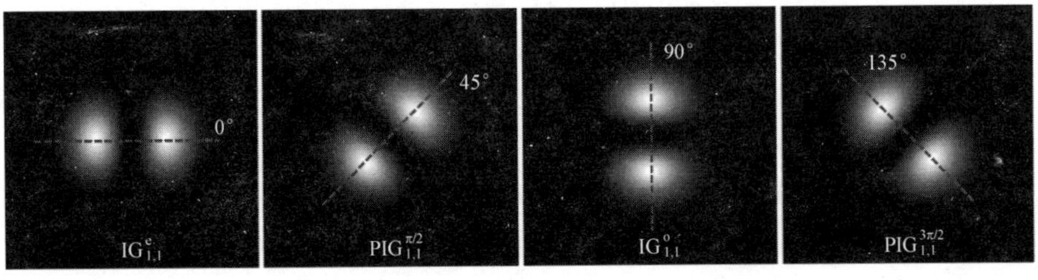

图 1－7 $\mathrm{IG}^{e}_{1,1}$、$\mathrm{PIG}^{\pi/2}_{1,1}$、$\mathrm{IG}^{o}_{1,1}$、$\mathrm{PIG}^{3\pi/2}_{1,1}$ 4 种模式分布

下面分析 $p=m\neq1$ 时的模式分布情况。图 1–8 以 $p=m=2$，3 时为例，展示了 4 种模式的光强分布图样。从中可以看出，对于 IG^e，其光瓣数比 IG^o 模式少了（$m-1$）个。当 IG^e 模式过渡到 $PIG^{\pi/2}$ 时，光瓣绕中心逆时针旋转了一定的角度，IG^e 中心的光瓣上下两部分在这种运动趋势中逐渐被分离。最终过渡到 IG^o 时，光瓣完全分离。因此由 PIG 模式提供了 IG^e 与 IG^o 模式变化的中间状态，证明了对于 p 和 m 相等且较小时，IG^e 模式中心光瓣其实是上下两个光瓣连在一起形成的。另外，IG^o 模式到 $PIG^{3\pi/2}$ 模式的变化为光瓣继续逆时针旋转，上下相互拉近的两光瓣形成了连接的趋势，最后重新过渡到 IG^e 模式，相当于 IG^e 到 IG^o 模式之间的逆变换。不同的是两个过程变换方向均为逆时针，也就使得 $PIG^{\pi/2}$ 模式与 $PIG^{3\pi/2}$ 模式不同且相互对称。另外，4 种模式光瓣光强分布均满足：光瓣越是靠近光强分布椭圆的长轴（后文简称椭圆长轴），其总光强越大。该规律命名为光瓣间的光强分布规律。值得注意的是，这 4 种模式均为 IG 光束的模式，下面通过对 $p=m=3$ 时 IG 光束这 4 种模式光瓣光强的精确求解，研究 IG 光瓣间光强分布统一规律。

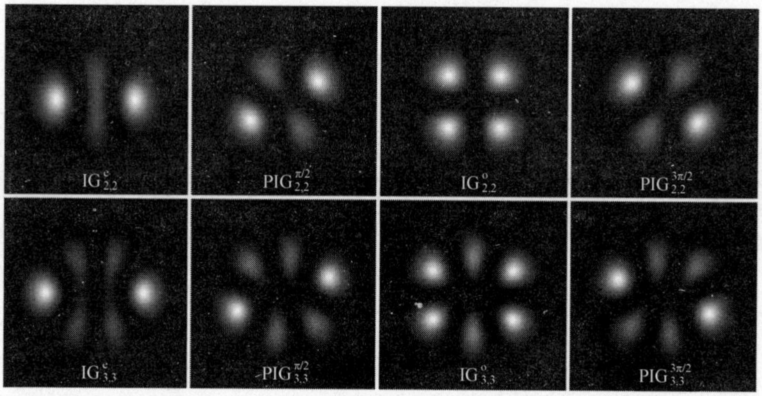

图 1–8　$p=m=2$，3 时，PIG 模式与 $IG^e_{p,m}$、$IG^o_{p,m}$ 模式光强分布图

为了表示光瓣与图片左右两边的距离，定义概念角向椭圆变量差 $\Delta\eta$。其定义为光瓣光强分布极大值的角向椭圆变量与 0 或 π（椭圆长轴的角向椭圆变量）差值的最小值。另外，模拟求解中，选取最大光强的 1/5 来作为光瓣范围的阈值。为保证该研究具有现实意义，假设 4 种模式在同一个光路中产生，且产生 4 种模式的衍射效率一样。也就是说 4 种模式分布的总光强一样。在以上假设下，以 $p=m=3$ 为例，绘制了 IG 模式光瓣总光强 I_{all} 与光瓣椭圆角向变量差 $\Delta\eta$ 的关系图，如图 1–9 所示。使用多项式拟合的方法，求解出光瓣总

光强与光瓣角向椭圆变量差的关系为 $I_{all}=8\,225\Delta\eta^3-17\,296\Delta\eta^2+3\,974\Delta\eta+7\,671$，其拟合度 $R^2=0.986\approx1$ 代表计算出的参数与方程拟合的非常好，印证了该方程的准确性。光强分布决定着光场梯度力的大小，该研究有助于预测 IG 4 种模式变换时，力场分布的变化，对操纵微粒具有指导意义。

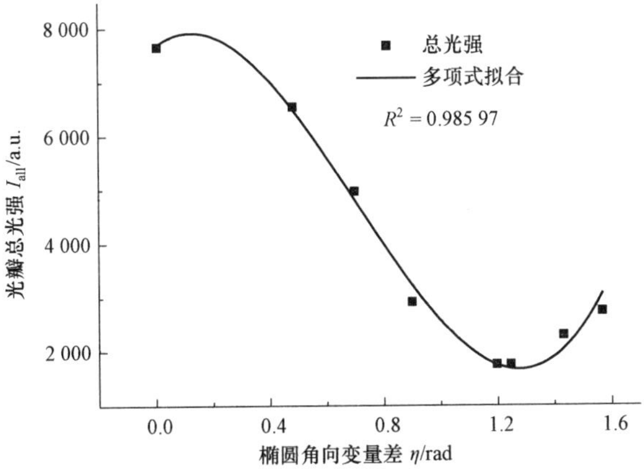

图 1−9　IG 模式光瓣总光强与光瓣椭圆角向变量差关系图

针对 $p\neq m$ 时的情况进行研究。图 1−10 以 $p=4$，$m=2$ 为例，展示了 4 种模式的光强分布图样。此时，光瓣的空间位置为内外两环的分布状态[2]。对于内环光瓣，其变化趋势与图 1−8 中 $p=m$ 时的情况相似，不再做重复分析。对于外环，由于光瓣数量较少，使得 IG^e 模式在椭圆长轴上的光瓣分布范围较大，光强较为弥散。当过渡到 $PIG^{\pi/2}$ 模式时，光瓣逆时针运动，同时，长轴上光瓣的光强分布向着逆时针的方向集中。过渡到 IG^o 时，两光瓣光强完全流入其中一端，形成一个光强较为集中的光瓣。该光强变化规律命名为光瓣内部光强变化规律。对于其他光瓣，由于光瓣本身光强分布集中，因此光强变化忽略不计。而原先偶模时在椭圆短轴上的光瓣，则在该变化中光强逐渐变大，其规律等同于 $p=m$ 时光瓣间的光强变化规律。

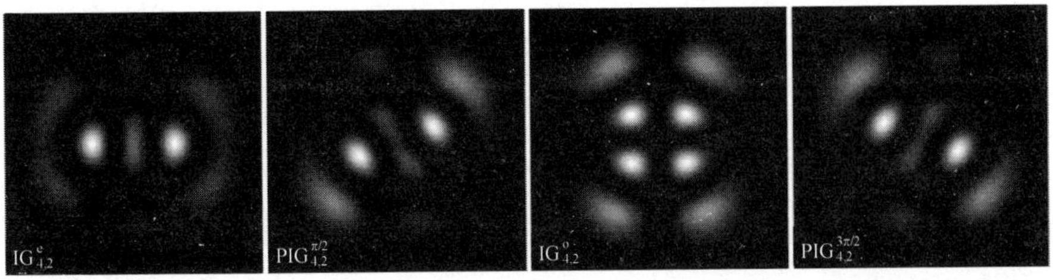

图 1−10　$p=4$，$m=2$ 时，PIG 模式与 $IG^e_{p,m}$、$IG^o_{p,m}$ 模式光强分布图

为了了解光瓣上力场的变化，定量研究 $PIG^{\pi/2}$ 模式与 IG^e、IG^o 模式光瓣上的光强分布。选取 IG^e 椭圆长轴的一个光瓣为研究对象，将图 1-10 中光瓣在其所在的椭圆节点线[37]上的光强分布取出绘制图 1-11。图 1-11 中方块、圆圈与三角分别为该光瓣在 IG^e 模式、$PIG^{\pi/2}$ 模式、IG^o 模式中的光强分布图样。横坐标为选取的光瓣样本初始点定为 0 点的角向椭圆变量。由图 1-11 中可以看出，三种模式 IG^e 模式的光强峰值最小，光强分布范围最大。IG^o 模式光强峰值最大，光强分布范围最小。印证了三种模式变化过程中，光强分布在逐渐的集中。另外，对于 IG^e 模式来说，其弥散的光强分布使得光瓣上形成了两个光强峰值。变化过程中，左边峰值消失。该现象在双微粒的聚集调控中有潜在应用价值。

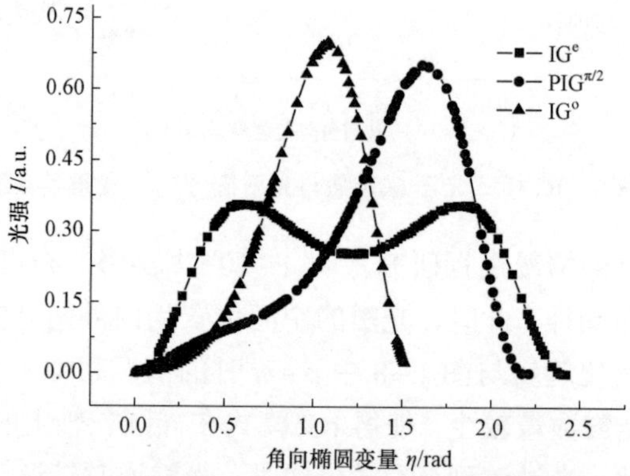

图 1-11　椭圆节点线上最左端光瓣光强分布

1.2.3　小结

使用数值模拟的方法研究了参数 m 较小时 PIG 分立光瓣模式与 IG 奇偶模式的光强分布。4 种模式的切换规律仍然保留着参考文献[37]中的规律，即 PIG 分立光瓣模式为奇偶模式的中间状态。另外得到 IG 光束同一模式中光瓣间光强变化规律，即光瓣越是靠近椭圆长轴，其总光强越大。在统一各模式总光强后，所有模式光瓣光强分布与定义的角向椭圆变量差为一个三次函数的关系。此外光瓣内部的光强变化规律为：由 IG^e 模式通过 $PIG^{\pi/2}$ 模式到 IG^o 模式的变化过程中，IG^e 模式椭圆长轴光瓣逐渐由弥散的光强分布向逆时针方向集中。

1.3　艾里光束的实验产生及自弯曲特性研究

衍射是任何的波都共同具有的传播行为，许多有趣的波动现象都可以用衍射理论来解释。但是由于衍射现象的存在，当激光在自由空间传播时，光束的半径会逐渐增大，能量分散，这样就对研究工作带来不便。因此，随着激光技术的日益进步，研究人员一直都在努力寻找减小甚至消除衍射效应的方法，使得激光在传输中的损耗得到降低[39,40]。

科研人员早期是将高斯光束通过非线性介质得到无衍射光束的，原理是利用非线性介质的非线性自聚焦特性来抵消光束的衍射现象[41]。但这样只能在介质中得到无衍射光，然而在一些领域如激光武器、激光雷达等领域，对在自由空间能够无衍射传播的光束有更加迫切的需求。当前的实验设备难以产生无衍射光束，因为理论中的无衍射光束具有无限能量。因此，人们通过对理想无衍射光束进行“截趾”来得到能在近距离传输中保持无衍射特性的光束[42]。多年来已经系统研究了不离散和无衍射的波在高维空间的结构，特别是在光学和原子物理学领域。是量子力学的薛定谔方程和近轴衍射方程之间的数学关系让这两个不同的学科有了类比的可能。最著名的二维无衍射光波就是贝塞尔光束，这种光束尽管在传播上和艾里光束有些不同之处，但事实上他们有共同的特点。这两种光束都是来自一个适当的锥形平面波的叠加，都传递无限的能量。当然，在实验中这些无衍射光束都会由于缺乏空间和能量而倾向于衍射传播。然而，如果几何限制孔径的大小远远超出稳定传播阶段的空间特征，衍射过程在传播距离上被减弱，因此所有基于这种目标的光束被称为无衍射光束。本节将对无衍射光束中的艾里光束进行研究。

国内外的研究成果表明，艾里光束具有三大特性：无衍射、自弯曲和自愈。艾里光束最显著的特征就是它能在没有任何外部电势作用下还可以自横向加速，从而观察到艾里光束的自弯曲现象。自弯曲特性指的是：艾里光束的传播轨迹类似于平抛物体在重力作用下做抛物轨迹运动；无衍射特性指的是：艾里光束在传播过程中基本不会衍射；自愈特性指的是：艾里光束的光强被障碍物挡住一部分后还能在传输一段距离后自动恢复原状。艾里光束的自弯曲性质在医学上有助于医生观察正常情况下很难观察到的病变组织，进而准确进行手术治疗；能将能量沿抛物线轨迹传输，这样就可以操纵粒子沿抛物线轨迹运动。可运用到医学、微粒操纵和科学研究等领域。因此，越来越多的科研人员开始了艾里光束自弯曲特性的研究。

在 1979 年，Berry 和 Balazs 在量子力学领域做了一个重要的预言：薛定谔方程具有一个遵循艾里函数的波包解。但是这并没有引起科研人员的重视，因为当前的实验条件还不允许人们得到无限能量的光束。直到 2007 年，佛罗里达光学学院的 G. A. Siviloglou 再次对艾里光束进行研究，发现被指数“截趾”的艾里函数也是薛定谔方程的解。他不但成功地产生了有限能量的艾里光束，还推断出被“截趾”的艾里光束的角傅里叶光谱是由高斯和艾里函数本身的傅里叶变换产生的立方相共同得到的。2007 年弗吉尼亚理工学院的 Ioannis M. Besieris 实验证明了衰减因子参数 a 显著影响艾里光束的非线性横向偏移特征[39]。2008 年，美国佛罗里达大学的 John Broky 研究了光学艾里光束的自修复特性，证明了艾里光束可以用在散射和端流的环境[43]。2010 年，天津大学的戴海涛教授研究证明了艾里光束携带相位奇点[44]的一般传输动力学。理论上证明了携带光学涡旋的艾里光束，在一个临界位置之前将会有一个相对于传统艾里光束的沿着抛物线轨迹两倍的速度。2013 年上海光机所研究了基于二元相位模式产生一对反向对称的伴生艾里光束[45]。2013 年首尔大学的 Dawoon Choi 通过调节初始场[46]来产生艾里光束。2013 年，NoaVoloch−Bloch 实验上产生了电子艾里光束[47]。这些电子艾里波是电子通过纳米尺度全息图衍射产生的，这个全息图对横向平面上的电子波函数的立方相位进行调制。2013 年哈尔滨工业大学的王晓章研究了艾里光束的实验产生方法和传输轨迹的控制[48]。根据附加相位光栅的方法，提出基于空间光调制器的艾里光束的非机械控制方法，提高了艾里光束的可控范围[49,50]。2013 年，南京航空航天大学的施瑶瑶在理论上利用薛定谔方程研究了艾里光束在自由空间的自弯曲性质[51]。

艾里光束有着广阔而深远的应用前景，本节将针对艾里光束的实验产生方法及自弯曲现象进行研究分析。

1.3.1 艾里光束理论基础及光路设计

由于艾里光束与高斯光束不同的传播特性，使得其可以应用在很多科研领域[52,53]。因此吸引了众多研究人员的兴趣，成为近来的研究热点。艾里光束与已知的无衍射光束相比，在一维情况下有存在的可能，但不是平面波锥形叠加的结果[54]。艾里光束抵抗衍射的方法主要是通过强度的最大值和波瓣倾向于沿抛物线轨迹加速传播。为了研究艾里光束的特性，利用归一化近轴衍射方程来进行分析：

$$\mathrm{i}\frac{\partial\phi}{\partial\xi}+\frac{1}{2}\frac{\partial^2\phi}{\partial s^2}=0 \tag{1-14}$$

ϕ 是电场的范围，$s=x/x_0$ 代表无穷小量的横向坐标，x_0 是任意横向大小，$\xi=z/kx_0^2$ 是归一化传播距离，其中 $k=2\pi n/\lambda_0$，k 为光波的波数。

最初的时候，艾里光束的振幅分布函数为：

$$\phi(0, s)=\mathrm{Ai}(s) \tag{1-15}$$

式中 Ai 为艾里函数，方程（1－15）与方程（1－14）联立可得：

$$\phi(\xi, s)=\mathrm{Ai}\left(s-\left(\frac{\xi}{2}\right)^2\right)\exp\left(\mathrm{i}\left(\frac{s\xi}{2}\right)-\mathrm{i}\left(\frac{\xi^3}{12}\right)\right) \tag{1-16}$$

方程（1－16）为理想艾里光束的非色散解，因此传播过程中艾里光束具有无限能量且趋近于无衍射传播。该方程表征的波包描述粒子动力学运动特性，在空间域只要一束光的波前遵循艾里函数分布，人们称这种光束为艾里光束。当加速度为一定值的时候，艾里波的强度剖面在传播过程中也为定值。方程（1－16）中的 $(\xi/2)^2$ 描述了艾里光束的传播轨迹。图 1－12 描绘了无衍射艾里光束沿传播方向自由运动的模拟图，是由理想艾里波包[55]在传播距离上的函数得到的。得到的这一结果还有另外一种解释：格林伯格通过等效原则进行分析。他解释为，一个定态的艾里波包与恒定引力场和量子力学的关

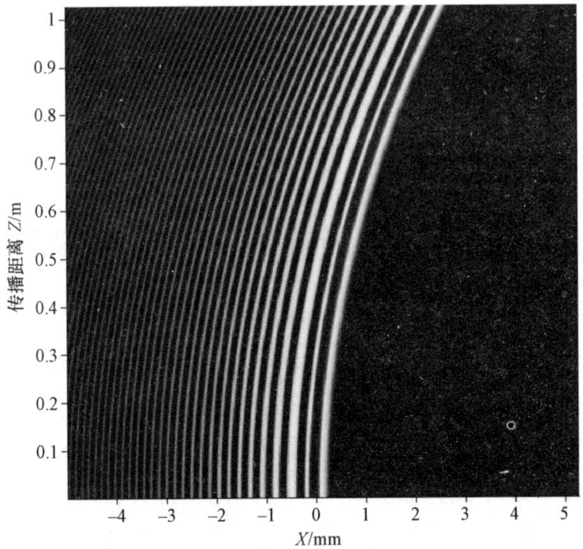

图 1－12　一维无限能量艾里光束

联就像是观察加速落体运动的观察者缺少了引力惯性坐标系。他还表示，这种加速行为和埃伦定理描述的波包的移动并不冲突。因为$\int \mathrm{Ai}^2(x)\mathrm{d}x \to \infty$，艾里光束不是平方可积，因此无法定义艾里光束的质心。在模拟中，选用波长为 532 nm。本节从图 1–12 中发现，理想艾里光束的主瓣光强保持不变。旁瓣的强度和分布规律也保持稳定，证明了艾里光束的无衍射性质。在 1 m 的传播距离上，光束向右横向偏移了 2.4 mm。

由于实验上几乎不可能产生无限能量的艾里光束[56]，因此本节将从理论上研究有限能量的艾里光束的性质。想要产生艾里光束，一个可能的方法是引入一个指数孔径函数；让$\phi(0,s)=\mathrm{Ai}(s)\exp(as)$，其中 a 是一个正参数，确保此式包含无限能量的艾里光束。通常，a 的值远小于 1，这样产生的波包与预期的艾里函数相似（见图 1–13），通过对式（1–14）积分发现：

$$\phi(\xi,s)=\mathrm{Ai}\left(s-\left(\frac{\xi}{2}\right)^2+\mathrm{i}a\xi\right)\exp\left(as-\left(\frac{s\xi^2}{2}\right)-\mathrm{i}\left(\frac{\xi^3}{12}\right)+\mathrm{i}\left(\frac{a^2\xi}{2}\right)+\mathrm{i}\left(\frac{s\xi}{2}\right)\right) \quad (1-17)$$

对于有限能量波包$\Phi_0(k)$的傅里叶变换：

$$\Phi_0(k)\propto\exp(-ak^2)\exp\left(\frac{\mathrm{i}k^3}{3}\right) \quad (1-18)$$

从式（1–18）可以很容易推断出被截断的艾里光束的角傅里叶光谱是由高斯和艾里函数本身的傅里叶变换产生的立方相（k^3）造成的。这种特殊形式的光谱在实验上合成“截趾”的艾里波时有着重要的影响。结论是，生成这种艾里光束的方法是，对高斯光束进行立方相位调制后再进行傅里叶变换。

由图 1–13（a）～（f）可以看到，随着衰减因子 a 的增大，被“截趾”的艾里光束的无衍射距离越短[57]，并且自弯曲现象被抑制的越强。当 a 远小于 1 的时候，艾里光束仍然保持很长一段距离的无衍射传播，光强倾向于自横向加速。在这段距离上，艾里光束是理想的，直至发生衍射。由图 1–13（a）所示，小孔影响下的艾里光束[58]的局部强度特性仍沿抛物线轨迹移动，因此加速行为在光束内部。

为了研究有限能量艾里光束的传播动态，本节利用空间光调制器对高斯光束做立方相位调制，再进行傅里叶变换，实验上得到有限能量的艾里光束。

为了在实验上生成艾里光束，本节设计了一个实验光路（如图 1–14 所示）。一束 532 nm 的激光束经过空间针孔滤波器扩束整形后，经过凸透镜变为平行光束。再经过小孔光阑控制该高斯光束的直径，而后高斯光束经过反射镜射在由计算机控制的反射式空间光调制器上（SLM）。反射式空间光调制器是用来对高斯光束的立方相位进行调制，对于产生艾里光束是非常重要的。

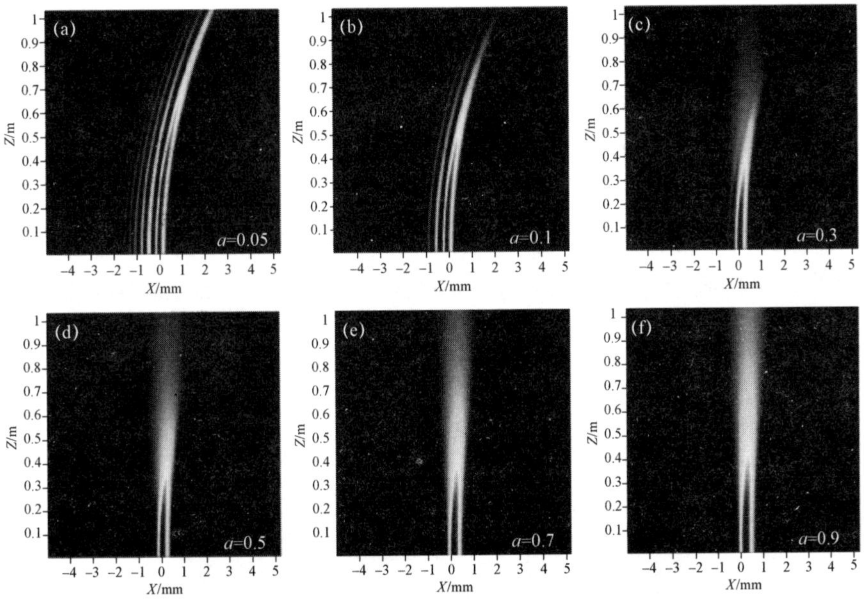

图 1－13　衰减因子 a=0.05、0.1、0.3、0.5、0.7、0.9 时的一维艾里光束的模拟光强分布情况

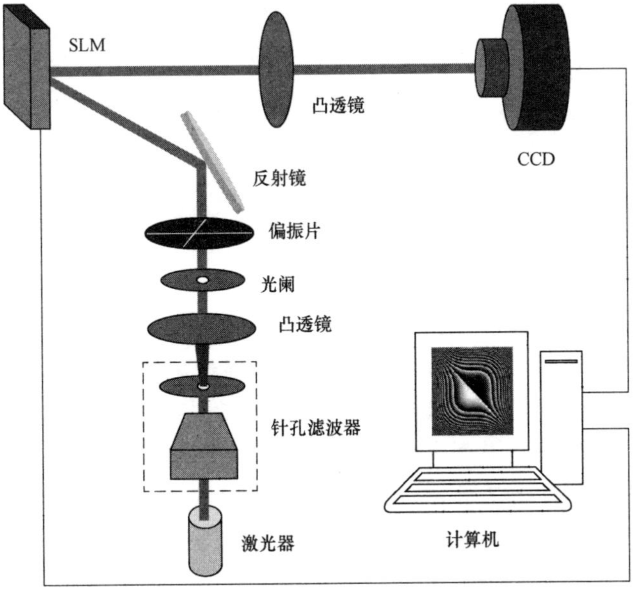

图 1－14　产生艾里光束的实验原理图

高斯光束在空间光调制器中进行立方相位调制，然后通过一个傅里叶透镜进行傅里叶变换，该透镜放置在距离空间光调制器一个焦距处。最后，傅里叶

透镜后一个焦距处放置高分辨率CCD相机，用来记录实验产生的艾里光束。产生的艾里光束的传播动态是由成像装置对传播距离的函数进行转换得到的。

本实验使用的激光源是波长为532 nm的连续波固体激光器，功率50 mW（北京镭志威光电技术有限公司）；记录图像用的高速高分辨CCD相机为Basler型彩色相机，像素尺寸为4.5 μm×4.5 μm，分辨率为1600 pixel×1200 pixel。

基于原理图搭建光路，利用MATLAB编程得到用来调制高斯光束立方相位的相位掩膜版。对于激光光强过大，实验中加入衰减片调控光强。实验中为了研究艾里光束的传播情况，将CCD相机放置在导轨上。实验装置如图1-15所示。

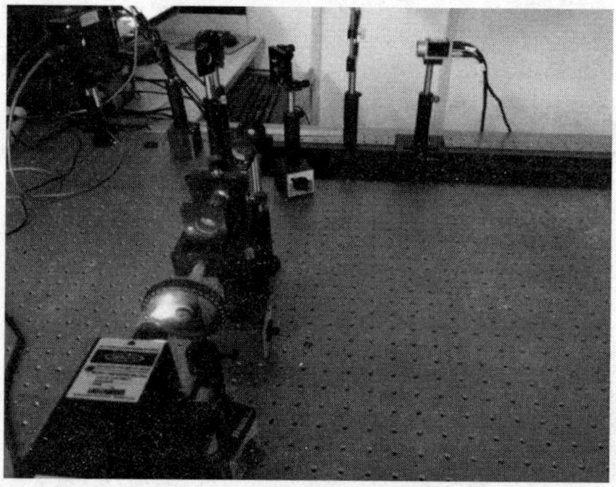

图1-15　实验装置图

实验中用到的相位掩膜版由计算机输入，一维艾里光束和二维艾里光束的相位掩膜版由平面波与艾里光束干涉得到。在MATLAB中，利用矩阵编出平面波的复振幅分布，再用方程（1-17）得到艾里光束的复振幅分布。复振幅相加即为艾里光束的相位掩膜版。再利用MATLAB自带imshow函数即可得到艾里光束的相位掩膜版图像。图1-16与图1-17所示分别为MATLAB编程得到的一维和二维艾里光束掩膜版。

本节使用的相位空间光调制器对应的是0～255的灰度图，大小为512×512像素，因此立方相位已经在0～2π被折叠，相位掩膜版的大小也为512×512像素。此艾里光束的相位掩膜版的立方相的范围是［0，2π］。在灰度模式下，黑色对应0，白色对应为2π。

将生成的二维艾里光束的相位掩膜版加载在空间光调制器上，位于傅里叶透镜后一个焦距处的高速CCD相机会记录艾里光束的光强。产生的艾里光束如图 1-18 所示。

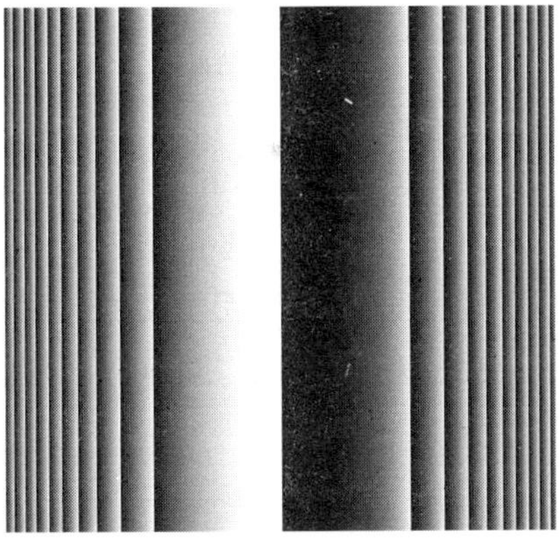

图 1-16　一维艾里光束相位掩膜版

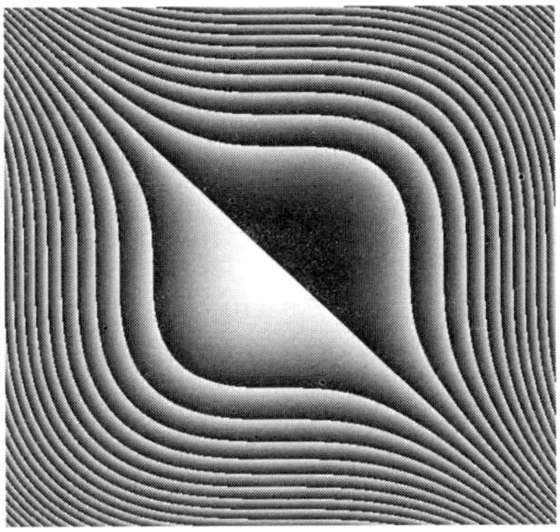

图 1-17　二维艾里光束相位掩膜版

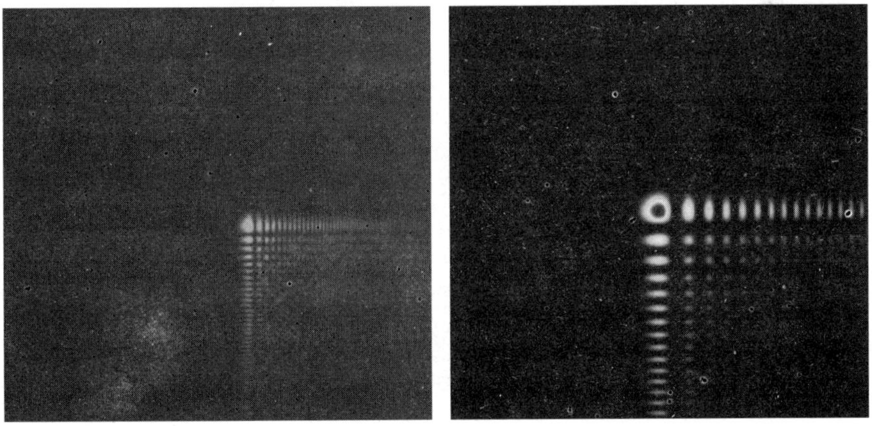

(a)　　(b)

图 1-18　实验与理论模拟的二维艾里光束的光强分布

（a）为实验产生的二维艾里光束的光强分布；（b）为理论模拟出的二维艾里光束的光强分布

本节对艾里光束的产生原理进行了简单的介绍和分析。利用艾里函数模拟出无限能量的艾里光束和有限能量的艾里光束。并对衰减因子 a 的大小对一维艾里光束传播的影响进行了模拟分析。发现，随着衰减因子的增大，一维艾里光束的无衍射传播距离急速变小，并且弯曲程度也随衰减因子的减小而减弱。

在模拟分析之后，根据计算全息原理本节搭建了基于空间光调制器的实验光路，利用 MATLAB 编程得到二维艾里光束的相位掩膜版。通过将实验得到的艾里光束光强分布与模拟的艾里光束的光强分布进行对比，本节成功在实验上产生了艾里光束。

1.3.2 艾里光束自弯曲特性研究

艾里光束具有三大特性：自弯曲、无衍射和自愈，本节将重点研究艾里光束的自弯曲现象。本节首先对一维艾里光束进行研究。

图 1-19（a）描述了被指数“截趾”的一维艾里光束在原点（$z=0$）的强度剖面。在本节的实验中，$x_0=53\ \mu m$ 和 $a=0.05$。图 1-19（b）和图 1-19（c）分别描绘的是在 $z=5$ cm，10 cm 时的光强分布。理论上证明了艾里光束基本上是无衍射传播的，其光束主瓣在传播方向上做横向加速。本节的理论研究表明，艾里光束的主瓣包含光束总能量的 70%。

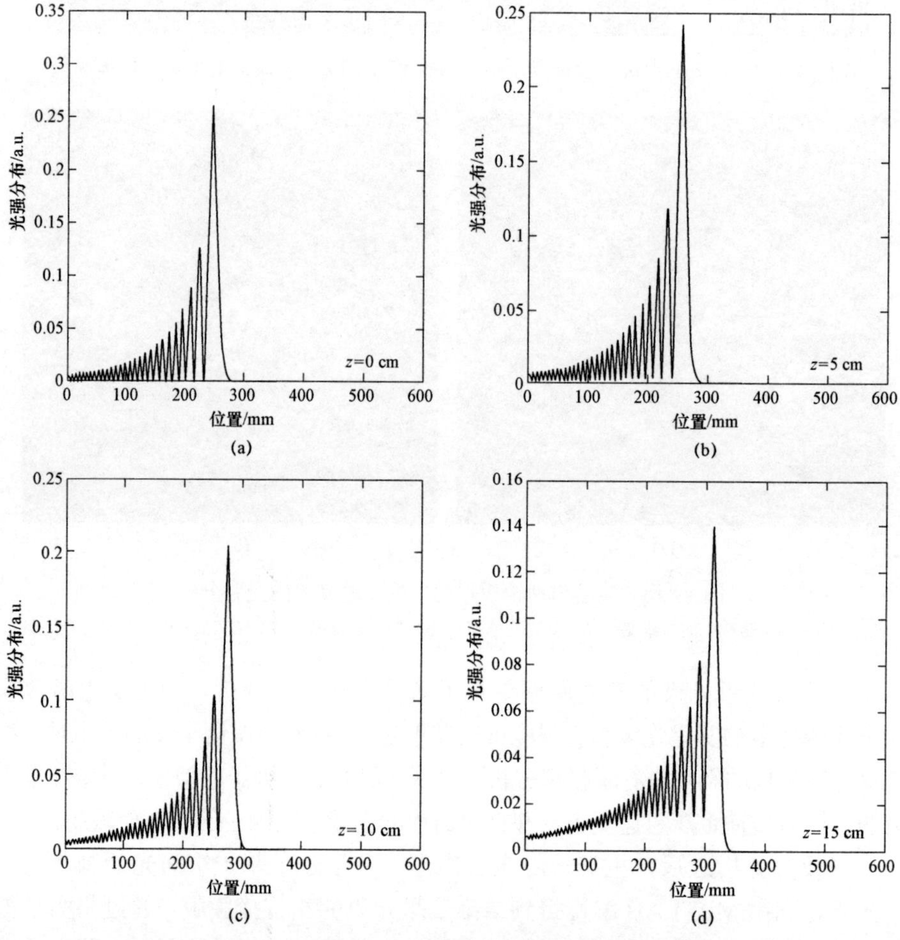

图 1-19　模拟一维艾里光束的横截面光强分布

（a）传播 0 cm；（b）传播 5 cm；（c）传播 10 cm；（d）传播 15 cm 的光强分布

如图 1–20 所示，艾里光束具有横向加速度，因此实验上观察到自弯曲现象。图中的抛物线轨迹是横向加速的结果，理论上可以描述为：

$$x_d \cong \lambda_0^{\,2} z^2 / \left(16\pi^2 x_0^{\,3}\right) \tag{1-19}$$

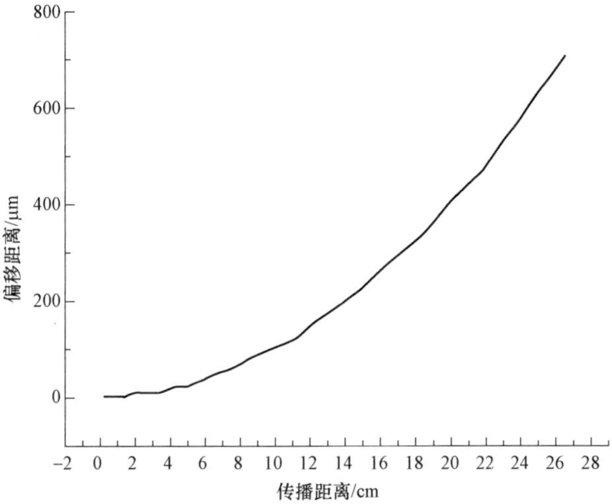

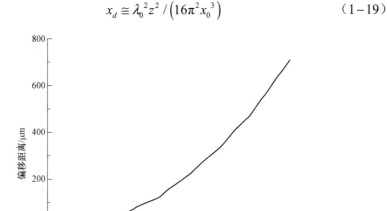

图 1–20　当 $a=0.05$ 时，艾里光束的横向加速度随传播距离的变化

（实线代表理论上的偏转）

只要有限能量的艾里光束在发生衍射之前保持类无衍射传播即可，该解析表达式对应的是图中的实线。结果表明，在传播 30 cm 后，艾里光束与波包总的大小（艾里光束的前 10 个光瓣）相比偏离了 820 μm。需要强调的是，这里的加速度指的是艾里光束局部强度的变化。在任何的情况下，艾里波的重心是不变的。因为方程（1–20）是不变的：

$$\frac{\mathrm{d}\langle s\rangle}{\mathrm{d}\xi} = \left(\frac{\mathrm{i}}{2}\right)\int\left(\phi_s^{\,*}\phi - \phi_s\phi^*\right)\mathrm{d}s \tag{1-20}$$

由前面的实验可以肯定的是一维艾里光束由于横向加速度的作用在传播中产生自弯曲现象，但是一个二维艾里光束因为没有参考系进行对比，无法计算偏移的程度。接下来，本节将研究一种伴生艾里光束，通过对两光束在传播过程中位置的变化进行对比来分析艾里光束在传播中的自弯曲特性。本节根据理论和实验研究由二元相位结合斜率因子产生伴生艾里光束的物理过程。理论模拟显示二元相位模式产生一对反向对称的伴生艾里光束，斜率因子可以调节两束艾里光束之间的间距。

在大部分的实验中，艾里光束的产生一般是用连续立方相位模式诱导，用位相位模式的空间光调制器（SLM）来生成。但是位相位的 SLM 有一些固有的缺点，如像素大小过大、分辨率低和较低的激光损伤阈值。为了解决这些问题，用二元相位原理来生成艾里光束可能是更好的方法，因为这样成本低而且容易制造。本节在理论和实验研究二元相位原理诱导艾里光束的物理过程中，发现二元相位模式可以生成一对反向对称的伴生艾里光束。为了简化分析，本节首先考虑一维艾里光束。对于一般立方相模式，相位函数的归一化 k 间隔可以表示为 $f_1(k)=k_3/3$。在二元相位模式，相位函数 f_{1B}（k）用方程表示为：

$$\begin{cases} F_{1B}(k)=\pi/2, & f_1(k)\in[2n\pi,\ (2n+1)\pi] \\ F_{1B}(k)=-\pi/2, & f_1(k)\in[(2n-1)\pi,\ 2n\pi] \end{cases} \tag{1-21}$$

这里的 n 是一个整数，一个相位函数对应一个传播函数。其中 f_1（k）对应传播函数 $\exp[\mathrm{i}f_1(k)]$，$f_{1B}(k)$对应 $\exp[\mathrm{i}f_{1B}(k)]$，$\exp[\mathrm{i}f_{1B}(k)]$的傅里叶变换是 $F_{1B}(x)$，频谱由 $f_{1B}(k)$来诱导的。$F_{1B}(x)$被定义为：

$$\begin{cases} F_{1B}(x)=\int\exp[\mathrm{i}f_{1B}(k)]\exp(-2\pi\mathrm{i}kx)\mathrm{d}k \\ F_{1B}^{*}(x)=\int\exp[-\mathrm{i}f_{1B}(k)]\exp(2\pi\mathrm{i}kx)\mathrm{d}k \\ F_{1B}(-x)=\int\exp[\mathrm{i}f_{1B}(k)]\exp(2\pi\mathrm{i}kx)\mathrm{d}k \end{cases} \tag{1-22}$$

由方程（1-16）和（1-17），可以得出：

$$F_{1B}(-x)F_{1B}^{*}(-x)=F_{1B}(x)F_{1B}^{*}(x) \tag{1-23}$$

方程（1-18）表明，二元相位调制 $f_{1b}(k)$导致了频谱的轴对称。前面已经说明了立方相位引起的频谱函数 $f_1(k)$是一个艾里光束，傅里叶变换 $F_{1B}(x)$生成一对对称的艾里光束。相位和频率谱如图 1-21 所示。

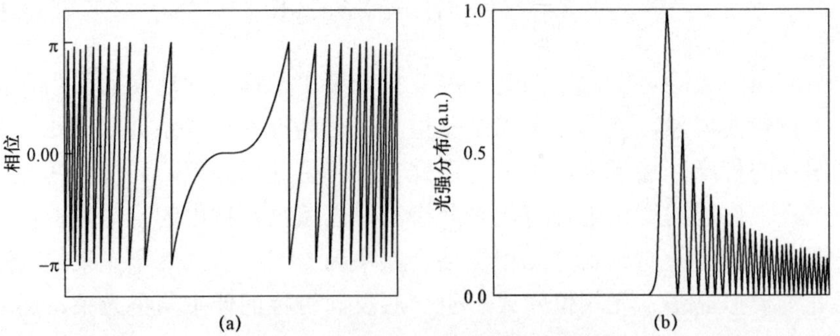

图 1-21　相位剖面与相应的频率谱

（a）立方相位；（b）立方相位的频率谱

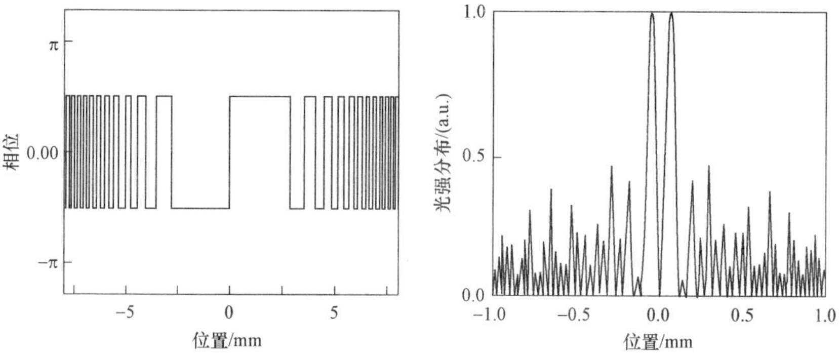

(c)　　(d)

图 1−21　相位剖面与相应的频率谱（续）

（c）二元相位；（d）二元相位的频率谱

从图中本节得出二元相位的频率谱和立方相位频率谱的不同之处在于，二元相位的频率谱显示在原始点的一个轴对称剖面上。由于频率谱具有轴对称剖面，所以二元相位 $f_{1b}(k)$ 可以用于生成一对对称的艾里光束。然而，图 1−21（b）这两个艾里光束的间距非常小，实验上观察到的艾里光束几乎重叠，因此很难观察到两个艾里光束分离实验。本节为解决这个问题，在相位函数中引入斜率相位调制系数 $g \cdot k$，将在下面进行分析。

在实验中，需要观察二维艾里光束。因此，本节在二维的条件下直接分析 $g \cdot k$ 被添加到 f_1（k）情况。

$$f_{2a}(k_x, k_y) = \frac{k_x^{\ 3} + k_y^{\ 3}}{3} \tag{1-24}$$

$$f_{2g}(k_x, k_y) = g \cdot (k_x + k_y) \tag{1-25}$$

在合并调整斜率相位因子后，二维函数表示为立方相位。

$$f_{2ag}\left(k_x, k_y\right) = f_{2a}\left(k_x, k_y\right) + f_{2g}\left(k_x, k_y\right) \tag{1-26}$$

通过 $f_{2ag}\left(k_x, k_y\right)$ 诱导的频谱可以表示为 $f_{2ag}\left(x, y\right)$，计算过程如下：

$$\begin{aligned}
& f_{2(ag)}(x, y) \\
& = \mathcal{F}\left\{\exp\left[\mathrm{i}f_{2ag}\left(k_x, k_y\right)\right]\right\} \\
& = \mathcal{F}\left\{\exp\left[\mathrm{i}f_{2a}\left(k_x, k_y\right)\right]\exp\left[\mathrm{i}f_{2g}\left(k_x, k_y\right)\right]\right\} \\
& = \mathcal{F}\left\{\exp\left[\mathrm{i}f_{2a}\left(k_x, k_y\right)\right]\right\} \otimes \mathcal{F}\left\{\exp\left[\mathrm{i}f_{2g}\left(k_x, k_y\right)\right]\right\} \\
& = \mathcal{F}\left\{\exp\left[\mathrm{i}f_{2a}\left(k_x, k_y\right)\right]\right\} \otimes \mathcal{F}\left\{\exp\left[\mathrm{i}g\left(k_x, k_y\right)\right]\right\}
\end{aligned}$$

$$
\begin{aligned}
&= A(x, y) \otimes \delta\left(x-\frac{g}{2\pi}, y-\frac{g}{2\pi}\right) \\
&= A\left(x-\frac{g}{2\pi}, y-\frac{g}{2\pi}\right)
\end{aligned} \tag{1-27}
$$

当 $A(x,y)=\mathcal{F}\left\{\exp\left[\mathrm{i}f_{2a}\left(k_x,k_y\right)\right]\right\}$ 时，描述了一个二维的艾里光束。方程（1–27）实际上表示的是 $f_{2(ag)}(x, y)$ 是一个二维艾里光束的平移函数，平移距离是：$\Delta x=\Delta y=g/2\pi$。

现在，理论上已经证明了伴生艾里光束的存在。本节将在实验中产生伴生艾里光束，并研究其自弯曲特性。

产生伴生艾里光束的实验光路与生成典型艾里光束的实验光路相同，不同的地方是加载在空间光调制器上的相位掩膜版。根据方程（1–22）在 MATLAB 编程，通过将平面光的复振幅与伴生艾里光束的复振幅相加得到伴生艾里光束的相位掩膜版（图1–22）。调制的高斯光束射在空间光调制器的相位掩膜版上，反射出的光再经过透镜进行傅里叶变换即可得到对称的艾里光束。本节已在实验中验证了伴生艾里光束的存在，并发现了其对研究艾里光束自弯曲特性有很大的帮助。

图1–22　伴生艾里光束的相位掩模版

调整光路，将生成的相位掩模版加载在空间光调制器上，将 CCD 相机放置在距离傅里叶透镜一个焦距处，打开激光器等待稳定后即可在计算机上观察到伴生艾里光束的光强分布图，如图 1–23 所示。

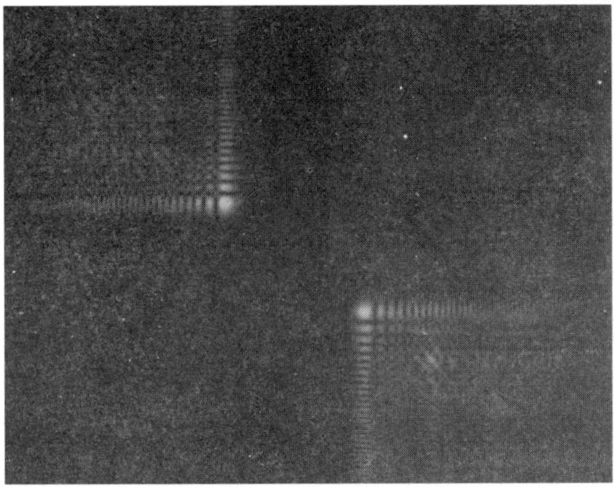

图 1－23　实验得到的伴生艾里光束

单个艾里光束在实验上无法确定其偏移的距离，但是伴生艾里光束可以解决这个问题。本节通过对比两光束相对偏移距离，分析其自弯曲特性。

实验上，本节验证艾里光束的自弯曲特性的方法是将 CCD 相机放置在水平导轨上。并将导轨与从空间光调制器中反射出来的光束在一条直线上，CCD 相机的中心点对准两光束的中心点。在实验中，沿传播方向移动 CCD 相机记录艾里光束在传播过程中的光强分布，本次实验 CCD 相机每移动 0.5 cm 记录一次数据。令传播距离为 z，实验结果如图 1－24 所示。

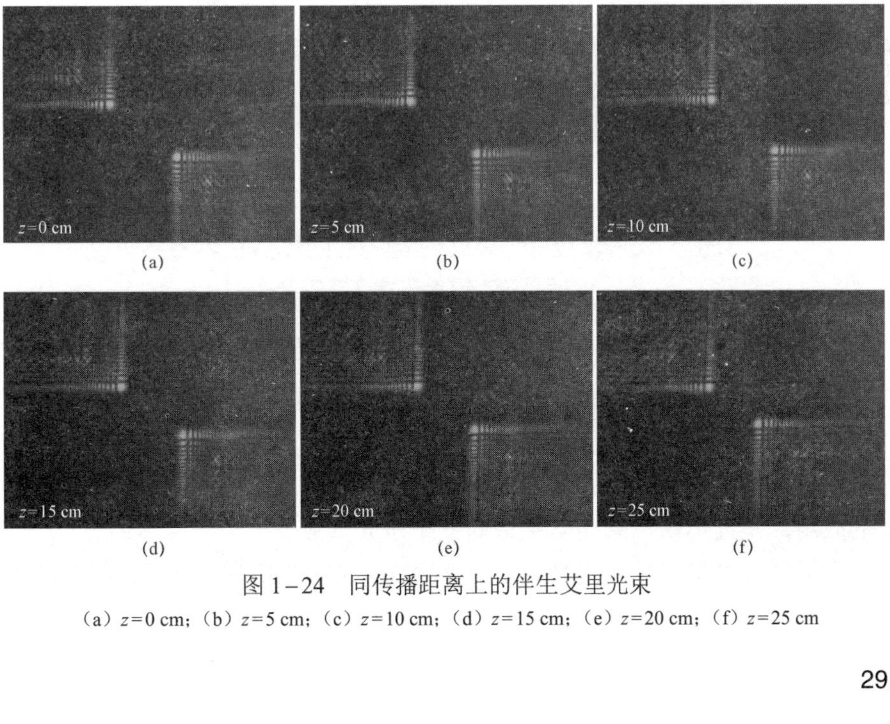

图 1－24　同传播距离上的伴生艾里光束

（a）z=0 cm；（b）z=5 cm；（c）z=10 cm；（d）z=15 cm；（e）z=20 cm；（f）z=25 cm

实验测得当 $z=0$ cm 时，两艾里光束的主瓣相距 2.068 mm；$z=5$ cm 时，两艾里光束的主瓣相距 2.044 mm；$z=10$ cm 时，两艾里光束的主瓣相距 1.991 mm；$z=15$ cm 时，两艾里光束主瓣相距 1.890 mm；$z=20$ cm 时，两艾里光束的主瓣相距 1.732 mm；$z=25$ cm 时，两艾里光束的主瓣相距 1.519 mm。每传播 5 cm，两艾里光束主瓣的相对偏移距离分别为：0.024 mm、0.052 mm、0.101 mm、0.158 mm、0.213 mm。由实验图和实验结果可以看出，艾里光束的偏移距离随着传播距离的增加而加大，表现出越来越明显的自弯曲现象。本节发现，艾里光束的自弯曲现象类似于平抛物体在重力影响下的运动轨迹。

本节理论上模拟分析了一维艾里光束的自弯曲性质，实验上验证了伴生艾里光束的存在，并研究了艾里光束在传播方向上的自弯曲现象。发现，伴生艾里光束在研究艾里光束自弯曲特性上具有单一艾里光束所不具有的优势，那就是可以让两束艾里光束互为参考系，从而对比分析艾里光束的自弯曲性质。

1.3.3 小结

艾里光束具有三大特性：无衍射、自弯曲和自愈使它具有一些特殊的应用价值。这些特性是其他光束所不具有的，其在微粒操控、光电子学、等离子体、艾里激光器和大气通信等领域具有广阔的应用前景。利用空间光调制器实验生成艾里光束的方法，具有系统造价低，衍射损耗小，输出功率大，适应性强。此方法将成为研究艾里光束的主流方法。目前的艾里光束只能在短距离传输中保持其独特的特性，未来的研究方向必然是使艾里光束能在长距离复杂环境的传输中保持其奇特的特性。

1.4 分数阶高阶贝塞尔涡旋光束的矢量波分析法研究

涡旋光束是一种具有螺旋形波前且中心光强为零的空心光束，含有 $\exp(\mathrm{i}m\theta)$ 的指数相位因子，每个光子携带 $m\hbar$ 的轨道角动量[59]（m 为拓扑荷值）。涡旋光束在量子信息编码[60,61]、粒子旋转与操纵[62–64]、图像处理[65–69]等领域有重要的应用，是近年来信息光学领域的一个研究热点。

无衍射高阶贝塞尔涡旋光束是一种特殊的涡旋光束[70,71]，除了具有上述特点外，其光强分布与传播距离无关，在传播方向上光束不发散。由于高阶贝塞尔光束的这些特点，使得其在光镊技术中有很大的应用潜力[72–77]。

目前，对涡旋光束的研究已经精进到分数阶[78–80]；其中，2004 年 M. V. Berry 首次系统地阐述了分数阶光学涡旋的理论基础[78]，随后该理论得到了实验验证[79]；表征信息及能量的分数阶拓扑荷值的测量可通过干涉强度分析法获得[80]。该领域面临的挑战是如何获得空间传输稳定的分数阶涡旋光束[54,81,82]，而高阶贝塞尔涡旋光束具有优异的空间稳定性；因此，将高阶贝塞尔光束扩展到分数阶，研究其空间光强分布具有重要的科学意义。

通常情况下，采用标量波理论来研究分数阶高阶贝塞尔涡旋光束[83,84]。但当光束中心斑点尺寸与光束的波长相当时（即紧聚焦情况下），标量波理论不能准确描述分数阶贝塞尔涡旋光束的特性；这时需要采用矢量波理论来对高阶贝塞尔光束进行分析。近来，F. G. Mitri 用矢量波分析法研究了分数阶高阶贝塞尔光束的光场特性，取得了一些有意义的结果[85,86]。但在 F.G. Mitri 的研究中，在电场分量随分数阶（0.1 阶精度）拓扑荷值的变化过程及从紧聚焦向非紧聚焦演变过程的研究方面存在欠缺；仅给出了 0.2 阶精度电场分量的强度分布图，没有讨论其与拓扑荷值的内在关系。然而，要深入理解分数阶高阶贝塞尔光束的物理特性，需要在 0.1 阶精度下对光场三个电场分量的强度分布进行可视化研究和分析，探讨光强分布与拓扑荷值的内在物理联系；并进一步研究由紧聚焦向非紧聚焦条件下转变的演化过程，以便给出更清晰、直观的物理图像。

针对该问题，本节采用矢量波分析法研究了分数阶高阶贝塞尔涡旋光束的电场强度分布特性。首先在紧聚焦情况下，研究了分数阶（0.1 阶精度）拓扑荷值的贝塞尔涡旋光束三个电场分量的强度分布演变情况；进而，研究了在分数阶条件下，由紧聚焦向非紧聚焦过渡时这三个电场强度分量的变化特点。本工作的开展对电磁波散射、辐射力及涡旋光束与微粒相互作用等领域的研究具有重要的借鉴意义。

1.4.1 理论基础

光束传播的标量场理论是基于麦克斯韦方程组得到标量亥姆赫兹方程；然后，在傍轴条件下解亥姆赫兹方程得到波函数方程。傍轴结果实质上为麦克斯韦方程组的零级解，当光束光斑尺寸远小于入射波长时结果足够精确；但当光束光斑尺寸可与波长相比时（紧聚焦条件），标量波理论已不适用；此时，需要利用矢量波理论开展研究[87–89]。

为此，本节采用 F. G. Mitri 提出的矢量波分析方法[86]：假设电磁波在非磁性各向同性均匀介质中传播，由麦克斯韦方程组出发，根据洛伦兹规范条件，经推导可得高阶贝塞尔涡旋光束沿 z 轴传播的电场强度矢量在直角坐标系下的三个分量分别为[86]：

$$E_x=\frac{1}{2}E_0\sum_{n=-\infty}^{\infty}\left\{\begin{array}{l}\mathrm{i}^{(m-|n|)}\sin c(m-n)\exp[\mathrm{i}(k_z z+|n|\theta)]\\ \times\left[\left(1+\frac{k_z}{k}-\frac{k_r^2x^2}{k^2R^2}+\frac{|n|(|n|-1)(x-\mathrm{i}y)^2}{k^2R^4}\right)J_{|n|}(k_rR)\right.\\ \left.-\frac{k_r(y^2-x^2-2\mathrm{i}|n|xy)}{k^2R^3}J_{|n|+1}(k_rR)\right]\end{array}\right\} \tag{1-28}$$

$$E_y=\frac{1}{2}E_0xy\sum_{n=-\infty}^{\infty}\left\{\begin{array}{l}\mathrm{i}^{(m-|n|)}\sin c(m-n)\exp[\mathrm{i}(k_z z+|n|\theta\\ \times\left[\frac{|n|(|n|-1)[2+\mathrm{i}(x^2-y^2)/(xy)]-k_r^2R^2}{k^2R^4}J_{|n|}(k_rR)\right.\\ \left.+\frac{k_r[2+\mathrm{i}|n|(y^2-x^2)/(xy)]}{k^2R^3}J_{|n|+1}(k_rR)\right]\end{array}\right\} \tag{1-29}$$

$$E_z=\frac{1}{2}\mathrm{i}E_0\frac{x}{kR}\left(1+\frac{k_z}{k}\right)\sum_{n=-\infty}^{\infty}\left\{\begin{array}{l}\mathrm{i}^{(m-|n|)}\sin c(m-n)\exp[\mathrm{i}(k_z z+|n|\theta)]\\ \times\left[\left(\frac{|n|(1-\mathrm{i}y/x)}{R}\right)J_{|n|}(k_rR)-k_rJ_{|n|+1}(k_rR)\right]\end{array}\right\} \tag{1-30}$$

在以上三个公式中，i 为虚数单位，E_0 为电矢量振幅常数；$k=2\pi/\lambda$ 为波数，k_r 和 k_z 分别为径向和轴向波数，且有 $k_r^2+k_z^2=k^2$；m 为实数（可取整数或分数），代表涡旋光束的拓扑荷值；$R=(x^2+y^2)^{1/2}$；$J_{|n|}(\bullet)$ 代表第一类 n 阶柱坐标贝塞尔函数；$\theta=a\tan(y/x)$ 为径向角度。由于光场的磁效应很弱，特定场合下可忽略不计，因此，本节对磁场演变暂不进行讨论。

根据式（1−3）本节重点研究在紧聚焦（$k/k_r\approx1$）和非紧聚焦（$k/k_r>1$）情况下，拓扑荷值 m 为分数阶（0.1 阶精度）时，高阶贝塞尔光束电场分量（即光场强度）的演变规律和特点。

1.4.2 结果与讨论

当光斑尺寸与入射波长处于同一数量级时，此时实验测量电场的三个分量的空间分布难度非常大[85]，因此，本节采用数值模拟的方法对电场的三个分量进行可视化研究。数值模拟中，选取入射波长为 λ=633 nm 的激光束，首先研究紧聚焦（$k_r\approx k$）情况下三个电场分量随拓扑荷值的变化，此时，拓扑荷

值变化范围 $m=2.1\sim3$（0.1 阶为间隔），选取比率 $k/k_r=1.0846$，收敛条件 $n_{\max}=-n_{\min}=40$，令 $E_0=1$。

图 1-25 为 x 方向电场分量强度分布图，每幅子图对应的空间尺寸为 $0.4\times0.4\ \mathrm{mm}^2$，下同。由图 1-25 可以看出，$E_x$ 分量强度图中亮环上水平方向的强度明显高于垂直方向的强度，这可由公式（1-28）在两个方向求极大值得出。在拓扑荷值由 2.1 增加到 3.0 的过程中，光强图中心暗核数由 2 个增加为 3 个（即产生一个新的拓扑荷值）；在拓扑荷值为半整数时（$m=2.5$），各级亮环均出现缺口，这与分数阶涡旋光束特点类似[78]。

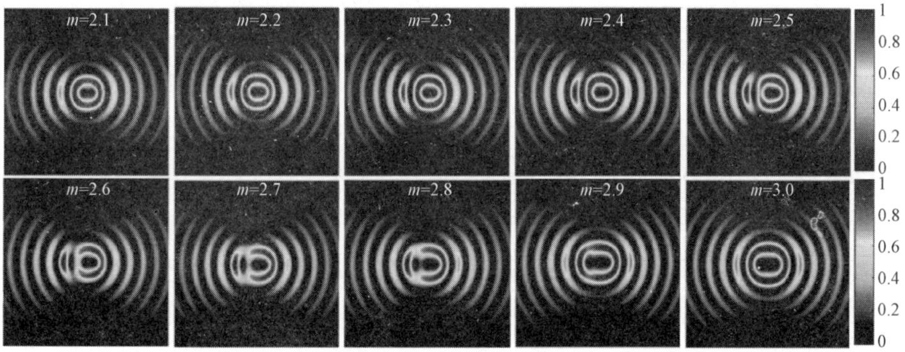

图 1-25　$k/k_r=1.0846$ 时，x 方向电场分量强度分布随拓扑荷值的变化（$m=2.1\sim3$）

此外，随着拓扑荷值的逐渐增大，各级亮环半径也逐渐增大，该结果与 LG 涡旋光束类似[68]；所不同的是：各级亮环（一级亮环除外）的右半圆半径增加较快，当 m 增加到 3.0 时，各级亮环的右半圆半径恰好增加到比其低一级左半圆的半径，两者重新组合为一个亮环；导致该现象的原因主要是对分数阶光场而言，其相位分布具有不对称性造成的[86]。因此，利用 $|E_x|$ 随拓扑荷值的变化，可以实现高阶贝塞尔光束的光强重新分布，以及微粒的多维度自由调控。此外，拓扑荷值 m 从 2.1 增加到 3 的过程中，E_x 电场分量分布的对称性经历由高变低再变高的过程；但与傍轴条件下贝塞尔光束相比，其圆对称性遭到了破坏。

图 1-26 是在紧聚焦条件下（$k/k_r=1.0846$），拓扑荷值为 $m=2.1\sim3$ 时 y 方向上的电场分量强度变化图。由图 1-26 可以看出，不同分数阶拓扑荷值的 E_y 分量光强图中无暗核存在，因此，该分量对微粒没有操控力。对不同拓扑荷值的光强图来说，基本呈对角线分布，这与 F. G. Mitri 得到的结果一致[85]。一个有趣的现象是：在拓扑荷值增加的过程中，零级亮斑位置出现偏移，一

级亮环（由四瓣构成）光强重新分布；最终原光强零级亮斑与一级亮环的左瓣融合生成一级“甜甜圈”亮环结构[68]，零级则由亮斑变为暗斑结构。

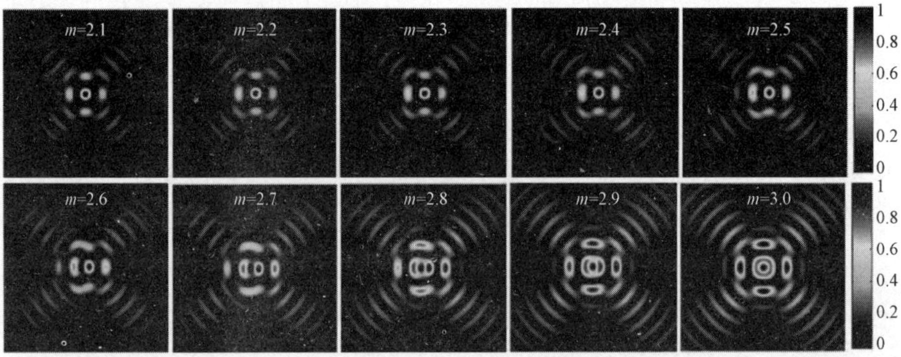

图 1－26　$k/k_r=1.084\ 6$ 时，y 方向电场分量强度图随拓扑荷值的变化（$m=2.1$～3.0）

在拓扑荷值增加过程中，各级亮环半径也逐渐增大；并且仍然存在各级亮环的右半圆半径增加较快的现象。当拓扑荷值 $m\geqslant 2.5$ 时，各级亮环明显出现错位及分叉现象，光束的圆对称性破缺。此外，E_y 分量光强分布与 E_x 分量的光强分布明显不同，这由式（1－28）、（1－29）的对比可以得出。

下面，研究相同条件下，z 方向上的电场分量强度变化特点，如图 1－27 所示。可以看出，E_z 分量的光强分布与 E_x、E_y 分量的光强分布均不相同。对 E_z 分量来说，各级亮环的光强主要集中在垂直方向上。在分数阶拓扑荷值 m 从 2.1 增加到 2.5 的过程中，各级亮环上的光强分布逐渐向右偏移，光强图的对称性降低；当 $2.5\leqslant m\leqslant 3$ 时，各级亮环出现错位现象后形成新的亮环结构，

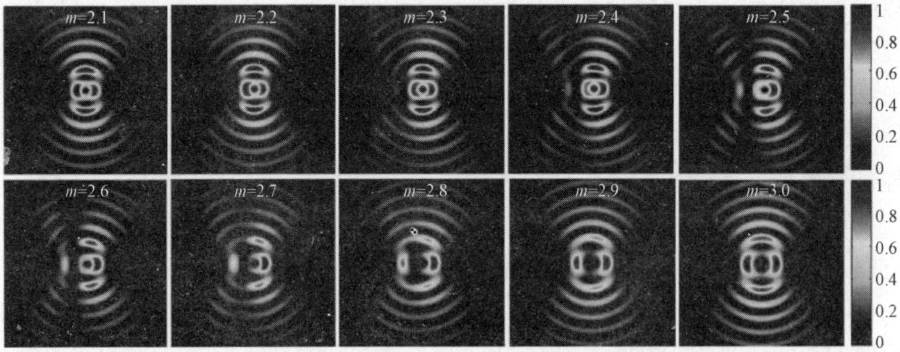

图 1－27　$k/k_r=1.084\ 6$ 时，z 方向电场分量强度图随拓扑荷值的变化（$m=2.1$～3.0）

对称性逐渐增强。在 z 方向上，光束的圆对称性亦遭到了破坏，变为水平和垂直方向两个对称轴并随 m 的变化由两条对称轴变为一条（仅剩水平对称轴）；然后，又逐渐变回两条对称轴。此外，光强图中心存在暗核结构，但暗核数量不易分辨。

为进行对比分析，下面研究非紧聚焦情况下光场电矢量强度变化特点。图 1–28 是选取 k/k_r=2.263 2，矢量波理论下拓扑荷值 m 分别取 2.1、2.3、2.5、2.8 和 3.0 时的光强图。图 1–28 中第一行、第二行和第三行分别是 x、y 和 z 方向上电场分量的强度分布图。可以看出，随拓扑荷值的增大，E_x 分量光强图的变化趋势与紧聚焦情况基本相同，不同的是亮环的圆对称性增强，这说明偏离紧聚焦点后 E_x 分量向标量贝塞尔光束光强分布接近。对比图 1–26、图 1–27、图 1–28 可以看出，非紧聚焦情况下，当拓扑荷值从分数变化到整数时，y 方向和 z 方向上的电场强度分量变化与紧聚焦情况时的变化规律基本相同；究其原因，这主要由于 E_y、E_z 两个分量对比率 k/k_r 的变化不敏感并且 k/k_r 比值不够大所致。

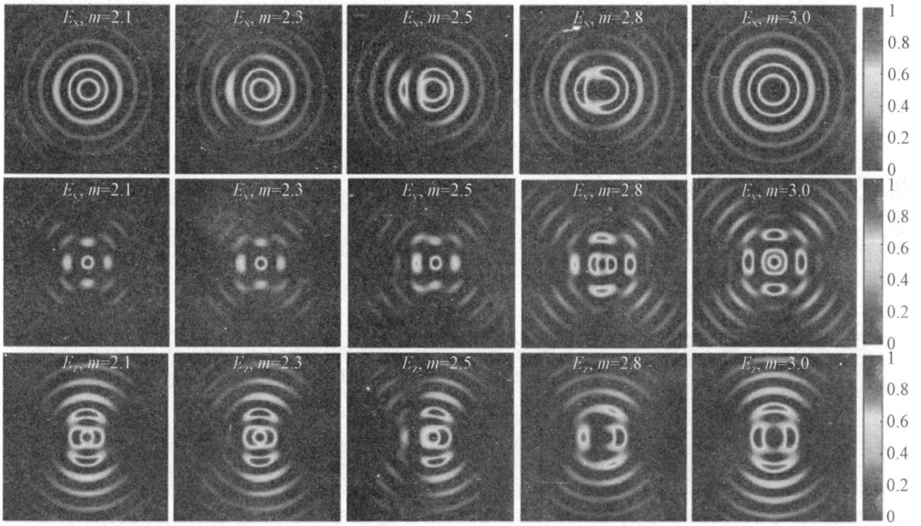

图 1–28　非紧聚焦情况下，拓扑荷值分别为 m=2.1、2.3、2.5、2.8 和 3.0 时的电场分量图

在紧聚焦和非聚焦情况下，分数阶高阶贝塞尔涡旋光束的 x 方向的电矢量强度光强分布存在差异。下面进一步对比分析拓扑荷值为整数阶和半整数阶时，由紧聚焦向非紧聚焦过渡条件下 E_x 分量光强图的变化情况。

图 1-29 为拓扑荷值 $m=2$，$k/k_r=1.1\sim2.0$，增量为 0.1 时 E_x 分量的强度分布图。可以看出，随着 k/k_r 的增加（由紧聚焦逐渐变为非紧聚焦），E_x 分量的强度图的一级亮环逐渐由椭圆形变成圆形，而其他各级亮环的光强分布逐渐均匀，亮环的圆对称性逐渐增强。此外，随着 k/k_r 比例的增大，光强中心拓扑荷值分别为+1 的两个暗核逐渐融合在一起变为一个拓扑荷值为+2 暗核，这与一般分数阶涡旋光束拓扑荷值产生的规律类似[90]；说明在此空间区域内，该贝塞尔光束变得更加稳定（即无衍射特性增强）[72]。

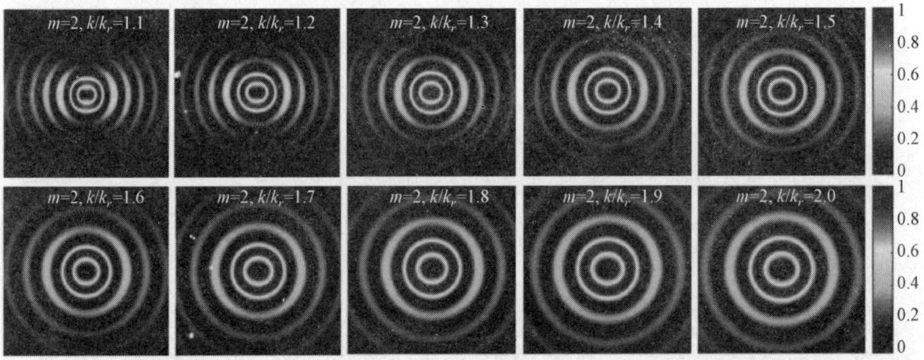

图 1-29　x 方向上，$m=2$，$k/k_r=1.1\sim2.0$（增量为 0.1）时的强度变化图

当拓扑荷值为半整数（$m=2.5$），$k/k_r=1.1\sim2.0$（增量为 0.1）时 E_x 分量的强度图如图 1-30 所示。可以看出，随着 k/k_r 的增加，亮环半径成正比例增大，但亮环形状变化较小。随着 k/k_r 的增大，高阶亮环的强度逐渐降低。此外，依然存在两个光强暗核融合为一个暗核的特点。

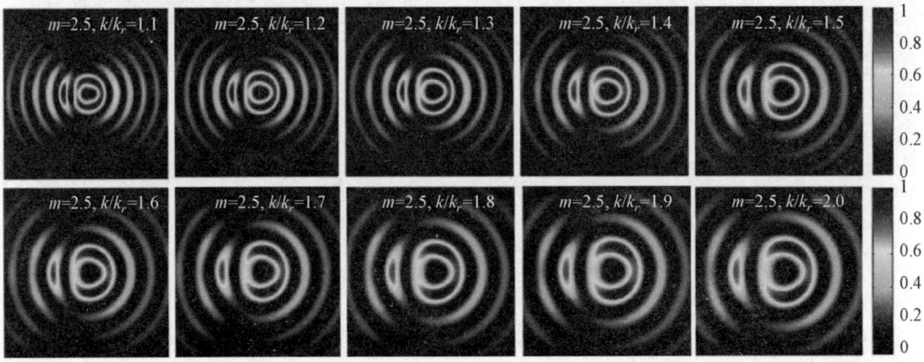

图 1-30　$m=2.5$，$k/k_r=1.1\sim2.0$（增量为 0.1）时的
$|E_x|$强度变化图

1.4.3 小结

本节利用矢量波理论对分数阶高阶贝塞尔涡旋光束的电场特性进行了研究。研究发现，在紧聚焦情况下（k/k_r=1.084 6），E_x、E_y、E_z三个分量的亮环圆对称性均遭到了破坏；其中 E_x、E_z两个分量含有光强暗核，对微粒具有操控力，而 E_y分量不含光强暗核；在拓扑荷值 m 从 2.1 增加到 3.0 的过程中，三个分量均出现同一亮环左、右半圆半径增大快慢不同，从而导致了亮环出现错位和重新融合的现象。在非紧聚焦情况下（k/k_r=2.263 2），E_x分量光强图中的亮环圆对称性增强，而 E_y、E_z两个分量对比率 k/k_r的变化不敏感。在由紧聚焦向非紧聚焦过渡过程中（k/k_r=1.1～2.0），E_x 分量整数阶光束亮环圆对称性增强，而半整数阶光束亮环结构基本不变，仅存在缩放关系。

该工作的开展有助于读者更直观地理解矢量涡旋光束的光强分布特性，为分数阶高阶贝塞尔涡旋光束在微粒控制与操纵及信息处理等领域的应用开拓新思路。

第二章

空间结构光场的模式变换技术

2.1 轴对称涡旋光场的调控特性研究

光学涡旋的发展是飞快的，首先经过了十年的理论发展阶段，又经过十年的应用开发阶段。在光通信领域、量子研究、成像技术、生物学领域等展现出巨大的科研价值和应用前景。现如今是技术突破的关键阶段，增强光学涡旋的可调性对技术的突破至关重要。传统上，可调光是指调整波长或脉冲激光器调整脉冲宽度。但是，光学涡旋具有更多的自由度，其可调性也具有更大的维度。不仅包括频谱和时间可调性，还包括轨道角动量、手性、拓扑荷值和相位分布可调性。对涡旋光束的调控特性研究越深入，光学微操纵及其他技术会变得越来越灵活和成熟。

光镊自 1968 年问世以来，技术发展日新月异。捕获精度已经开始从微米尺度向纳米尺度过渡。其发明人 Ashkin 首先对细菌进行了无伤捕获。1898 年 Berns 实验室操控染色体对细胞分裂进行了研究，光镊技术在其中表现出极大的利用价值和实用性。21 世纪以来，在纳米尺度的研究成果更是不胜枚举。Bustmante 实验室使用光镊进行了 DNA 弹性应变力的测量。Dagalakis 等人使用微镜阵列进行分束，形成光爪式光镊，使得对纳米微球的操纵更加灵活可控。

轴对称涡旋光束主要应用于光镊领域，其独特的光场分布使得光操纵更加高效：涡旋光束能扩大捕获范围，但不能实现静态捕获。本节将光扳手与光镊结合形成结构光场，从而实现了扩大捕获范围并可以静态捕获的目的。

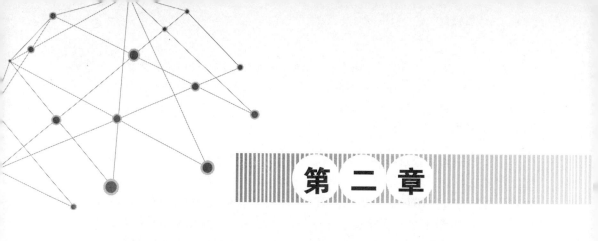

本节对轴对称涡旋光场的理论和实验生成做了详细地分析，并从基本参数出发，利用计算全息法对光场光强分布、相位分布进行了模拟和实验验证。总结出大量实验性结论并拟合数学模型分析，根据需求改变光场分布，对轴对称涡旋光场应用于具体的、条件严苛的光操纵实验中有着莫大的帮助。

在光学涡旋研究起步的十年（1989—1999）中，发现了涡旋光束具有螺旋型波前和轨道角动量的新奇物理现象并提出了拓扑荷值、相位奇点、涡旋晶格等全新的物理概念，为之后的科学应用奠定了理论基础[91]。1992 年，Allen 等人提出了涡旋光束在近轴传播条件下携带轨道角动量，这使人们对宏观光学与量子效应之间的联系有了新的认识。涡旋光束因其易在实验室条件下生成已成为研究光学涡旋特性的经典工具[92–94]。由此创造的总体研究结果开创了现代光学的新篇章即单一光学，实现了传统光学发展的一大飞跃。在这十年中，对光学涡旋的研究主要集中在探索基本的物理现象和建立基本理论[95–98]，为进一步研究光与物质的相互作用，拓扑结构和光的量子性质铺平了道路。

在此后的十年（1999—2009）是光学涡旋应用发展的十年，涡旋光束因其独特优势，为量子技术、光信息处理、粒子捕获、超分辨成像、生物医学技术、大容量光通信[99–102]等应用技术领域提供了新型特殊光源，大量新的应用迅速出现。例如，2004 年，涡旋光束作为镊子组装 DNA 生物分子，开辟了光学涡旋的生物医学应用[103]。2008 年，Barreiro 等人提出了一种使用轨道角动量编码技术[104]，从而使涡旋光束在光通信中具有很大的优势。在这十年中，光学涡旋几乎扩展到了高级光学的每个领域。

最近十年（2009—2019）是光学涡旋技术突破的十年，光学涡旋的研究也深入微观世界[105,106]。理论和实践的相互促进使其有了巨大的进步，成为光学研究的热门方向。迄今为止，光学涡旋已在各个领域带来了众多创新，并且仍在通过改进可调性实现新颖性。

这三个阶段有一个共同的主题，即追求改进涡旋光束的可调性，这样可以使新应用的诞生受益。随着广泛的科学应用对新型特殊涡旋光场需求逐年扩大，与现阶段涡旋光场发展尚不充分、不丰富的情况形成矛盾。光学涡旋的发展趋势是一个典型的例子，其理论指导新的应用，应用需求激发新的理论。现如今，涡旋光束仍然是热门话题，并且在理论和应用方面都具有很高的潜力。可期待未来几十年间，更多灵活可调的涡旋光束生成方法会被提出，从而推动更多领域的研究发展和技术革新。

在光学涡旋中，光像水中的漩涡一样绕其中轴旋转。若投影到某一平面上观察，光学涡旋是一个中心黑暗的光环图案。这种现象称为光学涡旋[107]。

光学涡旋广泛的应用得益于其不同于普通平面波的螺旋型波前。这是因为电磁波的波矢量 k 在方位角 θ 方向具有分量，产生的 θ 方向的相位变化导致波前呈现螺旋形态[108]。涡旋光束的传播有对称性，中心为暗核，光强为零，此点称为光学奇点。磁场中的相位在零强度的这些点的周围循环。旋涡是平面中的点，是空间中的线。以涡旋为路径，对场的相位进行积分，得到的数是 2π的整倍数。该整数称为涡旋的拓扑电荷数。该相位变化所对应的光子参数即为轨道角动量，拓扑荷值的取值只能为整数，即绕轴一周的相位变化只能是 2π的整数倍[109]。在该类模式中，每个光子携带的轨道角动量为 $l\hbar$，因而轨道角动量也成为了连接经典光学和量子属性的桥梁。

涡旋光场是一种特殊结构光场，波前为螺旋型、中心光强为零且携带轨道角动量。因此广泛应用于生物医学、光通信、光学加工等领域。但是传统的涡旋光场光强分布模式十分单一，仅是一个环形的光强分布模式[110]。在一些特殊领域的应用，尤其是对微粒进行复杂操纵时需要模式更加丰富的涡旋光场。因此，本节从涡旋光场的基本物理特性出发，以光场的相位分布为调控手段，通过数字全息技术产生一种具有轴对称光强分布的轴对称涡旋光场，同时对其灵活调控特性进行研究。研究内容包括轴对称涡旋光场的理论及实验产生，锥透镜锥角、拓扑荷值大小和正负对轴对称涡旋光场的调控特性及轴对称涡旋光场的方向性调控。该研究将为增多涡旋光场的模式分布提供方向。使得在复杂的条件下，可根据需求不同，灵活设计出满足需求的涡旋光场。该方法也有助于解决光学涡旋现阶段日益增长的发展需求与光束模式不丰富之间的矛盾。

2.1.1　轴对称涡旋光场的产生

在初始平面 $z=0$ 的，贝塞尔高斯光束的复振幅表达式为：

$$BG_n(r,\varphi,z=0)=\exp\left(-\frac{r^2}{\omega_0^2}+in\varphi\right)\mathrm{J}_n(\alpha r) \tag{2-1}$$

其中 ω_0 是高斯光束的腰部半径 $\alpha=k\sin\theta_0=(2\pi/\lambda)\sin\theta_0$ 是比例因子 $k=2\pi/\lambda$ 是长度为 λ 的入射波的波数，θ_0 是形成贝塞尔光束的锥形波的角度。在 $z\neq0$ 处复振幅表达式为：

$$BG_n(r,\varphi,z)=q^{-1}(z)\exp\left(\mathrm{i}kz-\frac{\mathrm{i}\alpha^2 z}{2kq(z)}\right)\times\exp\left(-\frac{r^2}{\omega_0^2 q(z)}+\mathrm{i}n\varphi\right)\mathrm{J}_n\left[\frac{\alpha r}{q(z)}\right] \tag{2-2}$$

$q(z)=1+\mathrm{i}z/z_0, z_0=k\omega_0^2/2$ 是瑞利范围，且 $\mathrm{J}_n(x)$是 n 阶贝塞尔函数。贝塞尔高斯光束的叠加为$[q=q(z)]$：

$$E_n(r,\varphi,z,c)=\sum_{p=0}^{\infty}\frac{c^p}{p!}BG_{n+p}(r,\varphi,z)$$
$$=q^{-1}\exp\left(\mathrm{i}kz-\frac{\mathrm{i}\alpha^2 z}{2kq}-\frac{r^2}{q\omega_0^2}\right) \tag{2-3}$$
$$\times\sum_{p=0}^{\infty}\frac{c^p\exp(\mathrm{i}n\varphi+\mathrm{i}p\varphi)}{p!}\mathrm{J}_{n+p}\left(\frac{\alpha r}{q}\right)$$

即等式（2−3）可表示任意整数 n 和复常数 c 的近轴贝塞尔高斯光束。经傅里叶变换即可生成完美涡旋。本节所提出的轴对称涡旋光场主要应用于光学为操纵领域。为了提高捕获范围采用两个涡旋光场，同时为实现被捕获粒子静止，采用轴对称的分布方式。加上一堆静态光学镊子，光学扳手精准地将粒子吸引到静态光学镊子的位置，从而实现了远距离光学捕获，可大大提高轴对称涡旋光场的捕获效率。

涡旋光束中心光强为零且在传播中保持不变，此点称为相位奇点。涡旋光场的相位分布中含有相位因子 $\exp(\mathrm{i}m\theta)$，m 为涡旋光束的拓扑荷值，θ为光束的旋转方位角。其波面既非平面，也不是球面，而是像海洋环流一样连续螺旋结构，可表示为$\Phi=m\theta$，具有相位奇异性。螺旋波前使得光束的坡印廷矢量有一切向分量，正因为这一切向分量，光束携带了轨道角动量。每个光子具有 $l\hbar$ 轨道角动量，沿 Z 轴传播的涡旋光场场振幅可表示为：

$$E(r,\theta,z)=u(r,z)\exp(\mathrm{i}m\varphi)\exp(-\mathrm{i}kz) \tag{2-4}$$

$u(r,z)$是光束在 z 处的径向轮廓，m 是拓扑荷值，$\exp(\mathrm{i}m\varphi)$决定着光束相位分布。

在常规光学涡旋的情况下，由于角向能流的分布，光束模式在远场中旋转π/2。对称的两个部分将发生干涉，在边缘上形成花瓣图案。光扳手效应将随着此处轨道角动量的消失而不复存在。

为此，本节使用锥透镜$[\exp(-\mathrm{i}\alpha\rho)]$，其中$\alpha$是锥透镜参数，来提供径向能量流。随着径向能流增加，在远场中涡旋光束的旋转角减小。通过改变参数α，可以调控干涉区域。轴对称涡旋光场可以表示成：

$$E(\rho,\varphi)=\exp(-\mathrm{i}\alpha\rho)\exp(\mathrm{i}m|\varphi|) \tag{2-5}$$

其中(ρ,φ)表示极坐标系下的初始平面，m 表示拓扑荷值。m 决定此处的轨道角动量。与轴对称涡旋光场的净拓扑荷值无关。

绝大部分的激光器出射光为基模高斯光，若想获得涡旋光束必须经相位调制。为此，激光器出射基模高斯光先经扩束转为平行光。（同时要保证光束直径与空间光调制器（SLM）反射面宽度相近，以便于平行光恰好完全入射。）而后再以小角度入射被写入相位掩模版的 SLM 反射面上。经 SLM 调制后，出射光即为轴对称涡旋光束。

轴对称涡旋光场的生成实验装置如图 2-1 所示。激光器出射 532 nm 基模高斯光束经针孔滤波器和透镜 L1 滤去杂波、调制光束直径并转为平行光，再经偏振片 P1 起偏后入射 SLM 反射面。在 SLM 的衍射空间，出射光经偏振片 P2 检偏后生成轴对称涡旋光束。接着轴对称涡旋光束经 4 *f* 系统进行傅里叶变换，滤波（选出+1 级光束）、整形后耦合进 CCD 相机。最终拍摄下轴对称涡旋光束照片。实验所用连续波固体激光器型号：LWRL532-100 mW，北京镭志威技术有限公司。功率是 100 mW，波长 532 nm。CCD 相机的型号为 Basler ac1 600-6 gc 型彩色相机，分辨率是 1 600 pixel×1 200 pixel，像素尺寸 4.5 μm×4.5 μm。SLM 型号是 HOLOOEYE PLTO-VIS-016，像素分辨率是 1 990 pixel×1 080 pixel，在灰度相位图像素匹配的情况下，420～850 nm 波长的光的最大相位调制可以达到 2π。填充因子是 90%。反射面大小为 15.36 mm×8.64 mm，最大承受功率为 2 W/cm^2。像素尺寸是 8 μm×8 μm。

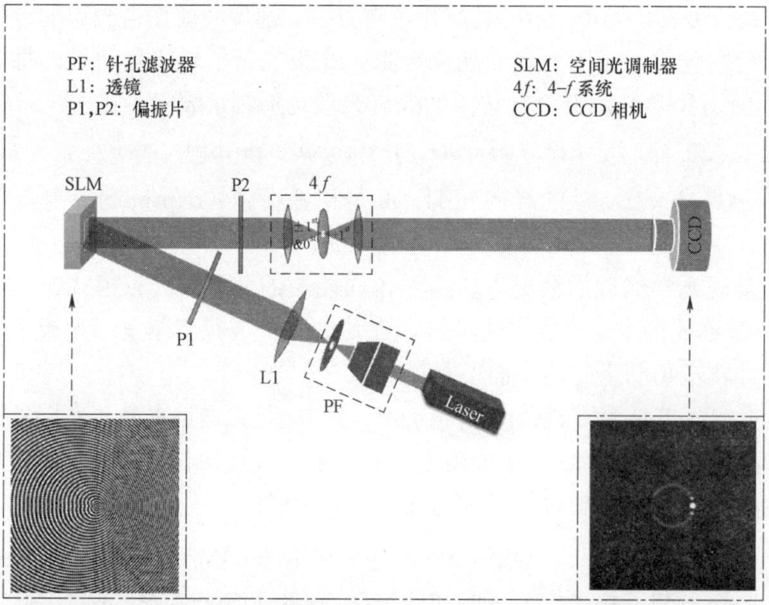

图 2-1　轴对称涡旋光场的生成实验装置图

2.1.2 轴对称涡旋光场的调控

为了对轴对称涡旋光场的影响因素进行详细而深刻的研究，本节采用 MATLAB 软件模拟和实验生成两种方法对比探讨。测得的大量数据对实验结论形成强有力支撑。并对数据运用 Origin 软件进行处理，使得实验结论可视化。

（1）拓扑荷值大小对光场的调控特性

运用上述实验装置，首先对拓扑荷值的大小对轴对称涡旋光场的影响展开分析。选定α=0.05，上下螺旋相位的初始相位差φ_0=0,$|m|$=4、6、8、10、12。对应的轴对称涡旋光场螺旋相位图如图 2-2 中（a1）～（a5）所示。模拟光强图和实验光强图分别如图 2-2 中（b1）～（b5），（c1）～（c5）所示。

从图 2-2 中（a1）～（a5）模拟光强图可以看出，若拓扑荷值$|m|$增大，轴对称涡旋光场的螺旋相位将随之增大。如图 2-2（b1）～（b5）所示，干涉形成的光瓣位于两个光扳手连接处并且光瓣的数量随着拓扑荷值的增加而增加，而光强则愈低。光场整体大小不发生变化。图 2-2（c1）～（c5）实验图也更加证实这一点。这使得轴对称涡旋光场携带的轨道角动量和梯度力发生相应变化。在光瓣之外的环上区域轨道角动量随拓扑荷值$|m|$的增大而增大，轴对称涡旋光场的上部轨道角动量方向为顺时针，下部为逆时针。在操纵粒子时，环上微粒将移动到光瓣处。这大大增加了光镊的捕获范围。同时，在

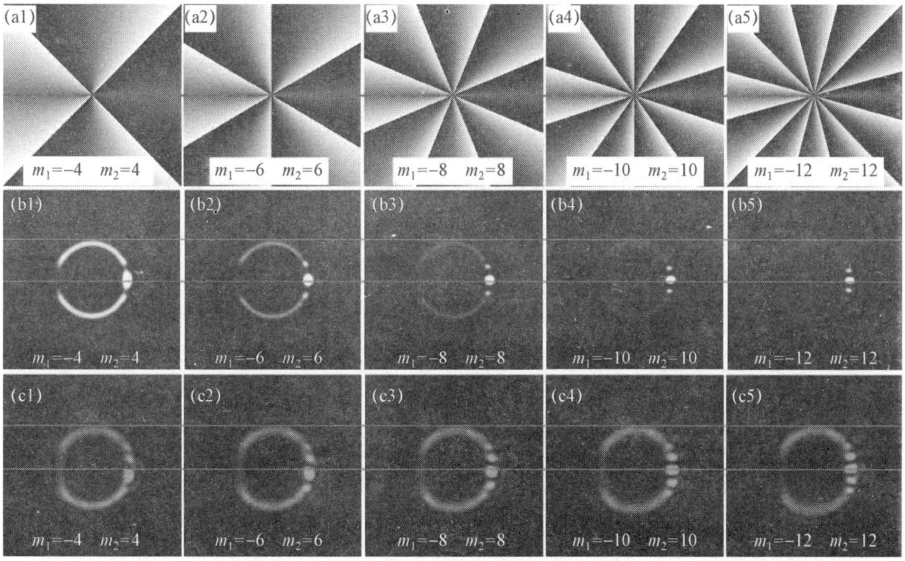

图 2-2 轴对称涡旋光场随拓扑荷值变化图

光瓣处的轨道角动量和梯度力共同作用下，提供了一个静态捕获力，可以实现粒子的聚集、结合。

通过测量光瓣面积和光场面积，计算干涉区域以及在整个光场中所占比例随拓扑荷值$|m|$的增大而增大。（干涉区域面积与占光场比例测量结果如图 2-3 所示）。从测量结果可以更加准确看出，上述两项虽然随拓扑荷值$|m|$的增大而增大，但增长速率在下降。因此，可以根据需求，调制拓扑荷值的大小生成符合比例条件的轴对称涡旋光束。使其在光学微操纵实验中更加灵活。

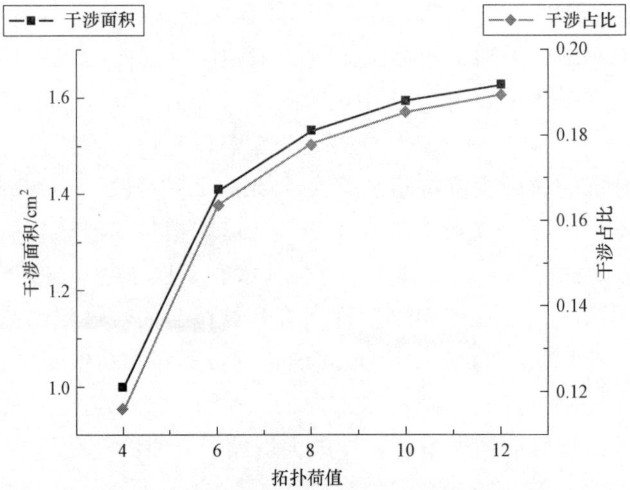

图 2-3　干涉区域面积与占光场比例测量结果

（2）相位差对光场的调控特性

干涉区在轨道角动量和梯度力的共同作用下聚集粒子。如果改变轴对称涡旋光场上下螺旋相位之间的初始相位差φ_0，条纹的位置将移动。为探究光场上下两部分初始相位差大小对光场的影响，选定α=0.05，$|m|$=8，φ_0=0、3/12π、6/12π、9/12π、π，对应的轴对称涡旋光场螺旋相位图如图 2-4 中（a1）～（a5）所示。模拟光强图和实验光强图分别如图 2-4 中（b1）～（b5），（c1）～（c5）所示。

如图 2-4 所示，模拟图与实验图均证实，随着光场上下两部分初始相位差增大，光场上部的光瓣远离中间实线，而光场下部光瓣在逐渐接近。从轴对称涡旋光场整体来看，即随着光场上下两部分初始相位差增大，光场逆时针旋转，并保持光场大小不变。这类似于两个光学涡旋之间的干涉。值得注意点是虽然光场整体大小不变，但在干涉区域中心的亮斑永远是最大的。即光环在逆时针旋转中，靠近中间实线的光瓣在逐渐变大。而远离中间实线的光瓣在变小。易知，轨道角动量和梯度力分布也随着光瓣的运动而改变。该结论提供了调节捕获的颗粒的位置的可能性。

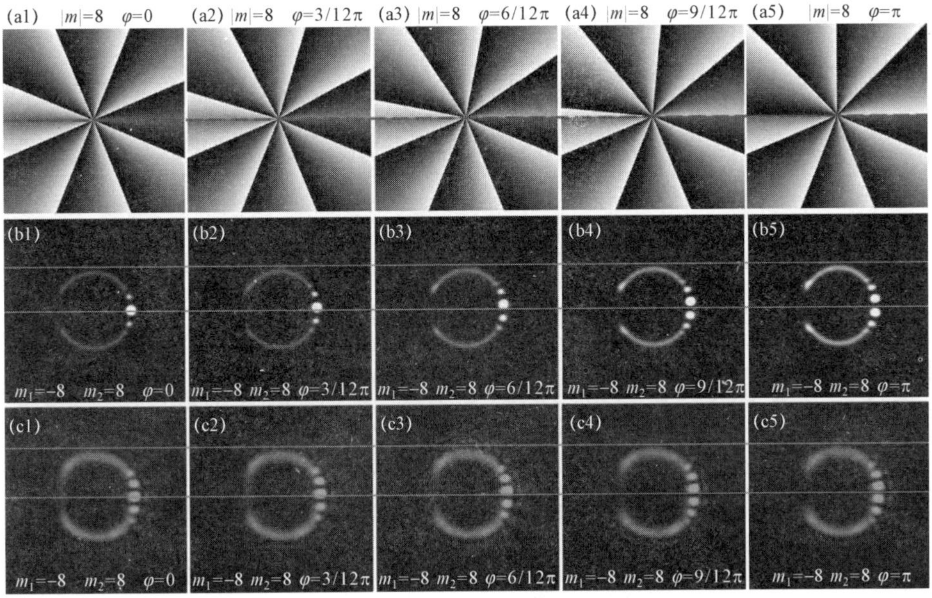

图 2-4　轴对称涡旋光场随初始螺旋相位差变化图

（3）锥透镜角度对光场的调控特性

锥透镜角度提供径向能流，而干涉面积基本上由径向和角向之间的能量流之比确定。所以锥透镜角度与光场半径息息相关。选定$|m|=8$，$\varphi_0=0$，$\alpha=0.03$、0.04、0.05、0.06、0.07，探究锥透镜角度对轴对称涡旋光场的调控特性。对应的轴对称涡旋光场螺旋相位图如图 2-5 中（a1）～（a5）所示。模拟光强图和实验光强图分别如图 2-5 中（b1）～（b5），（c1）～（c5）所示。

由图 2-5 观察计算得到，光瓣数量随轴锥参数α的增加而减少，并且随着光束半径的扩大，其在光场中中所占的比例也在减小。干涉面积取决于轴锥参数α，因为干涉面积基本上由角向和径向之间的能量流之比确定。随着轴锥参数增加，能量流的径向分量增加，这导致干涉面积减小。而且，随着能量流的角向分量增加，即拓扑荷值增加，干涉面积增加。因此，增大锥透镜角度一方面扩大了光束半径，另一方面减小了干涉区域。所以增大锥透镜角度比单纯增大拓扑荷值降低干涉区域在光场中占比更加有效。通过对光场半径和轴锥参数α的拟合（如图 2-6 所示）可以得出结论：随着轴锥参数α的增加，光场半径几乎线性增加。残差平方和仅为 1.006 61，则干涉面积与轴锥参数α

呈非线性关系。根据此结论，可以更加快速和精确地选择最佳轴锥参数而获得理想的轴对称涡旋光场。

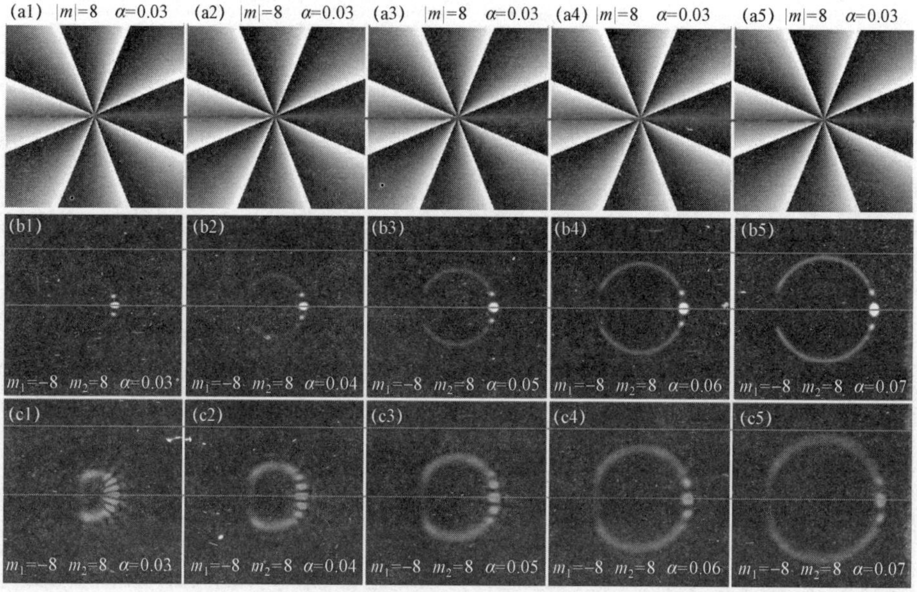

图 2-5 轴对称涡旋光场随锥透镜角度变化图

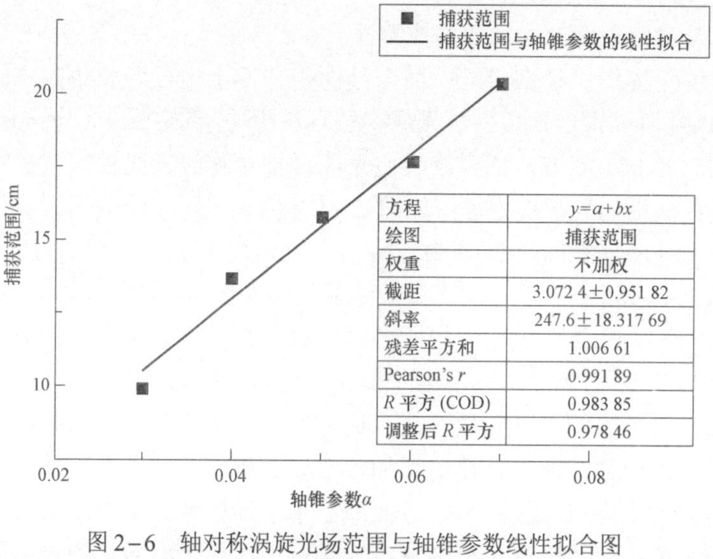

图 2-6 轴对称涡旋光场范围与轴锥参数线性拟合图

（4）拓扑荷值奇偶性对中心光瓣的调控特性

在“拓扑荷值大小对光场的调控特性”中，研究发现随着拓扑荷值的增

大，干涉区光瓣的数量也会增大并且最亮的光瓣始终位于中心位置。而此结论是在拓扑荷值均为偶数情况下得出，光瓣数量由中心向上下两侧方向同时增多。为此，提出假设，若拓扑荷值均为奇数，是否会出现光瓣先向一侧增多的现象。为验证此假设：选定$\alpha=0.05$，$\varphi_0=0$，$|m|=6$、10、14、18、22 和$\alpha=0.05$，$\varphi_0=0$，$|m|=7$、11、15、19、23，进行对比实验。对应的轴对称涡旋光场模拟图与实验图如图 2－7 所示。

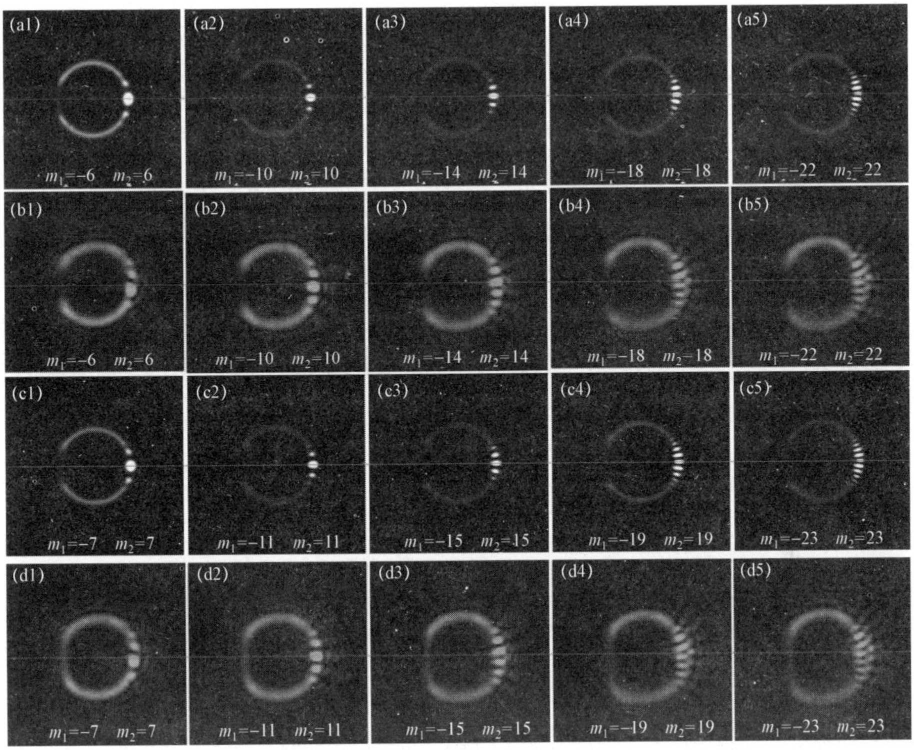

图 2－7 拓扑荷值奇偶性致轴对称涡旋光场变化图

模拟图亦或是实验图，对比发现：拓扑荷值增大的过程中，无论均是奇数或者偶数，光瓣数量都是由中心向上下两侧方向同时增多。因此，在“拓扑荷值大小对光场的调控特性”的结论上，可以进一步得到：拓扑荷值增大时，光强最大的光瓣始终位于光场干涉区域中心位置，与拓扑荷值的奇偶性无关。

上述实验中，m_1 均取负数，m_2 均取正数。得到的实验结果：轴对称涡旋光场的上部轨道角动量方向为顺时针，下部为逆时针，干涉区域位于光场的右部。为对轴对称涡旋光场的方向性进行探究。选定 m_1 为正数 m_2 为负数，其余条件保持不变。对应的轴对称涡旋光场模拟图与实验图如图 2-8 所示。

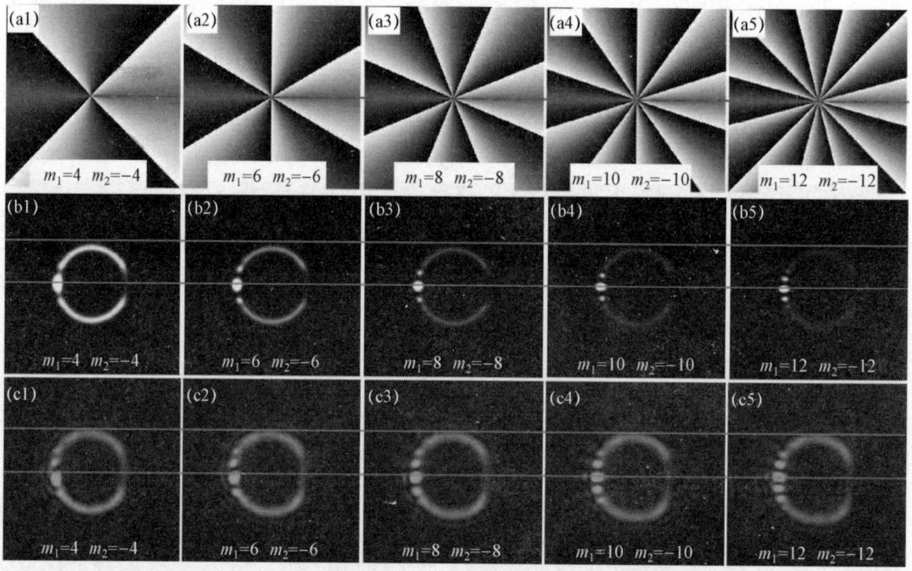

图 2-8　m_1 为正数，m_2 为负数条件下的轴对称涡旋光场图

与图 2-2 相比，实验结果表明：拓扑荷值相反，轴对称涡旋光场螺旋相位图将恰好相反。因此导致轨道角动量也正好反向。干涉发生在光场左部。光花瓣也发生反向。经测量，轴对称涡旋光场的大小未发生改变，光强分布未发生偏移。这表明，若有需要，仅需将拓扑荷值变号，即可得到与原来反向分布的轴对称涡旋光场，并保持其他条件不变。

在改进涡旋光束的可调性大主题下，本节从拓扑荷值、光场的初始相位差、锥透镜角度等基本参数入手，构建了轴对称涡旋光场结构光束。丰富了涡旋光场的模式分布。在软件模拟和实验生成两方面对各参数影响光场、轨道角动量分布进行研究，提供了轴对称涡旋光场调控的依据，为在更加复杂的需求条件下，调制光场分布开辟了道路。主要结论有：光场中干涉区域以及在整个光场中所占比例随拓扑荷值$|m|$的增大而增大，但增长速率在下降。随着光场上下两部分的初始相位差增大，光场逆时针旋转，并保持光场大小不变。但在干涉区域中心的亮斑始终是最大的。该结论提供了调节捕获的颗粒的位置的可能性。光瓣数量随轴锥参数α的增加而减少，并且随着光束半径的扩大，其在光场中中所占的比例也在减小。更重要的是：增大锥透镜角度比单纯增大拓扑荷值降低干涉区域在光场中占比更加有效。在对奇偶性的探

究中，在“拓扑荷值大小对光场的调控特性”的基础上进一步发现拓扑荷值增大时，光强最大的光瓣始终位于光场干涉区域中心位置，与拓扑荷值的奇偶性无关。在方向性探究中，轴对称涡旋光场的大小未发生改变，光强分布未发生偏移。这表明，仅需将拓扑荷值变号，即可得到与原来反向分布的轴对称涡旋光场，光场其他特性保持不变。

2.2　非对称椭圆环形光学涡旋阵列的产生及调控

在 1989 年，Coullet 等人提出一种在激光腔中存在类似于超流体涡旋的特殊光场，即光学涡旋。从那时起，光学涡旋便得到了学术界广泛的研究。光学涡旋光束类似于具有中心流动性的流体涡旋，且包含具有拓扑荷值的相位奇点，形成中空的光强分布。这种具有螺旋相位波前和轨道角动量的光束揭示了宏观物理光学和微观量子光学之间的微妙联系。这些惊人的特性为我们提供了对各种光学和物理现象的新理解，包括扭转光子、自旋轨道的相互作用、玻色爱因斯坦凝聚等。

那么，包含多个光学涡旋的光学涡旋阵列则具有生成更为复杂的车空间构建光场的巨大潜力。一般来说，光学涡旋阵列分为两个类型，分别分为孤立型光学涡旋阵列和叠加型光学涡旋阵列。孤立型光学涡旋阵列具有多个独立的光学涡旋，其空间分布和拓扑荷值可以独立进行调制。在 2020 年，李新忠教授与同事们提出了一种具有选择性取向的椭圆光学涡旋阵列[111]，这为进行光场结构的调控提供了一种新颖的方法。对于叠加型光学涡旋阵列来说，它们通常是由两束特殊的光束叠加而成的，其阵列中的单个光学涡旋均通过光强连结到了一起。2007 年，S. Frank－Arnold 首次提出了一种名为光学摩天轮的圆形光学晶格，它是由一对经过调控的拉盖尔－高斯光束叠加而产生的，用以实现对冷原子的捕获[112]。然而，其中包含的光学涡旋的特性和生成的光学晶格的形状很难被调节。2018 年，陈理想等人证明了具有任意阶拓扑荷值的高阶光学涡旋阵列，这使得阵列中单个光学涡旋的拓扑荷值不局限于单位数值[113]。因此，产生一个更易于调控的光学涡旋阵列有望深化对相关光学方面的应用，这对光学微粒操纵[114]、光镊[95]、光学通信[115]以及光学微加工[116,117]具有重要意义。

2.2.1　非对称椭圆光学涡旋阵列的产生

通过在相位掩模版的生成过程中进行多次坐标变换，便可以自由调节得到的非对称椭圆光学涡旋的椭圆形状离心率，且可以控制生成光学阵列的整体光强剖面环绕中心进行整体的旋转。生成椭圆光学涡旋的步骤一般分为两部分：在极坐标系下进行整体旋转的调控和在笛卡尔坐标下沿 x 轴方向的拉伸。最初的圆环形的光学完美涡旋经过以上两个坐标变换过程便转变成了椭圆形的光学涡旋，而最初的圆环形的光学完美涡旋的复振幅表达式可以写作以下公式：

$$E(\rho,\varphi)=\frac{w_g \mathrm{i}^{m-1}}{w_0}\exp(\mathrm{i}m\varphi)\exp\left(-\frac{(\rho-R)^2}{{w_0}^2}\right) \tag{2-6}$$

其中（ρ，φ）表示位于观察面的极坐标系统。w_g 和 w_0 分别代表在初始平面和焦点平面处的高斯光束的束腰半径。m 是拓扑荷值，R 是光学完美涡旋的光强剖面的半径数值。

首先，在极坐标系统中，通过对 φ 变量添加 φ_0 参数，极轴相对初始的位置就会旋转一定的角度，即光学完美涡旋以经过中心且垂直于极坐标系统平面的轴发生了旋转。因此，最初的极坐标系统（ρ，φ）转换（ρ'，φ'），并且它们之间有关系式，可表示为 $\rho=\rho'$，$\varphi'=\varphi+\varphi_0$。所以光学完美涡旋的光强模式在这时旋转了一个角度，这个角度在数值上等于$|\varphi_0|$，而阵列光强剖面旋转的顺、逆时针方向取决于 φ_0 的正负。假若增添的 φ_0 参数的符号是正的，光强整体会逆时针旋转，反之亦然。在这种情况下，整体旋转的调制已经完成。

之后，将极坐标系统（ρ'，φ'）转换为笛卡尔坐标系统（x，y）来对光学完美涡旋进行表示，且需要强调，对光学完美涡旋的轴向拉伸过程就在笛卡尔坐标中完成，而极坐标系转换为笛卡尔坐标系的过程可被定义式表示为 $x=\rho'\cos(\varphi')$，$y=\rho'\sin(\varphi')$。然后，对笛卡尔坐标系中的 x 变量乘以拉伸系数 l 以此将初始笛卡尔坐标系（x，y）转化为拉伸后的笛卡尔坐标系（lx，y）。最后，将笛卡尔坐标系统转换为椭圆极坐标系统（ξ，η），并且两个坐标系存在如下等式关系：$lx=\xi\cos(\eta)$，$y=\xi\sin(\eta)$。此时，经过整体旋转的光学完美涡旋的光强面会沿 x 轴方向被拉伸，但在沿 y 轴的方向保持稳定。因此，经过轴向拉伸过程后，圆环形的光学完美涡旋就这样转换成了椭圆形的光学涡旋，可将之前撰写的公式（2-6）改写为式（2-7）：

$$E(\xi,\eta)=A\exp(\mathrm{i}m\eta)\exp\left(-\frac{(\xi-R')^2}{{w_0}^2}\right) \tag{2-7}$$

其中，R'表示椭圆光学涡旋的 y 轴方向的半长轴长度，而且 R'的数值与之前的 R 数值相同。A 是一个常数，把它定义成 $A=\mathrm{i}^{m-1}w_g/w_0$。

此时，产生了一种可以整体旋转且形状离心率随意调节的椭圆形状的光学涡旋。

在这项研究之中，非对称椭圆光学涡旋是由两个具有相同的椭圆离心率而蕴含的拓扑荷值不同的椭圆光学涡旋进行上、下各半部分的融合才得到的。利用这种取涡旋上、下各半部分融合为一个涡旋的技术，便可以得到一种上下拓扑荷值与轨道角动量分布不一致，即具有非对称性质的特殊光学涡旋。这种情况下，通过将第一个小节部分产生的多个椭圆形光学涡旋进行取半个部分然后融合的操作，就能生成这种非对称的椭圆形状的光学涡旋，然后通过将两个具有非对称特点的椭形光涡进行位于同一轴线的相干叠加，就得以获得这种非对称的椭形光学涡旋阵列，这个过程可以用下式表示：

$$E_{\text{total}}(\xi,\eta)=E_1(\xi,\eta)+E_2(\xi,\eta) \tag{2-8}$$

当中的 $E_1(\xi,\eta)$ 和 $E_2(\xi,\eta)$ 分别代表两个用来叠加生成阵列的非对称椭圆形状的光学涡旋的表达公式，而 $E_{\text{total}}(\xi,\eta)$ 则表示最终生成的非对称椭圆形光学涡旋阵列的复振幅表达公式。

2.2.2 非对称椭圆光学涡旋阵列的调制

根据论文上一部分所阐述的阵列生成原理，即可利用 MATLAB 软件编写出正确且合适的程序。通过选取合适的参数，来生成光学相位掩模版，再将其输入到排列好的光路中的空间光调制器中，就能获得这种非对称的椭圆光涡阵列。这次实验中使用的实验光路实物图如图 2-9 所示。

图 2-9　实验光路实物图

为了便捷，将搭建的实验光路简化为了下面这张示意图（图 2-10）。

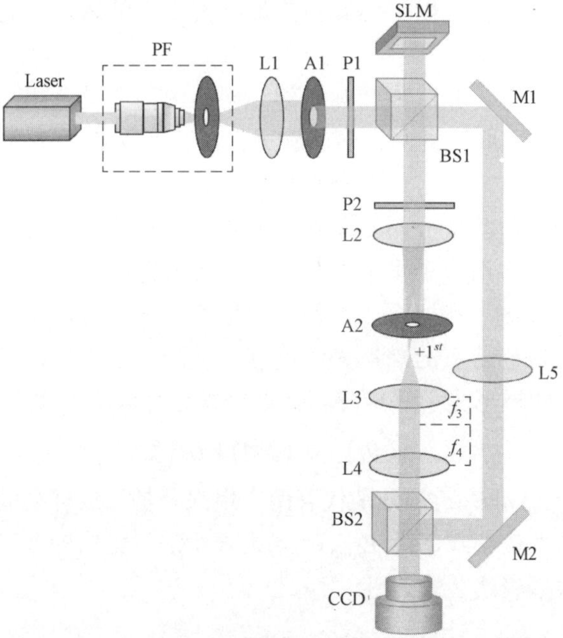

图 2-10　实验光路示意图

正如实验光路示意图所示，灰色部分就是该实验中光源发射出的光束形成的光路；Laser 作为该实验所使用的激光源，为 532 nm 的绿光固体激光器（型号：LR-GSP-532）；PF 为针孔滤波器，用于生成球面波且可以在一定程度上过滤掉杂光；L1～L5 表示实验中使用的 5 个凸透镜，需要注意的是，L3 与 L4 两透镜之间的距离必须为两者焦距的和，作为 4 *f* 系统，在不改变光束质量的条件下延长光路；A1 和 A2 代表光阑，其作用是取光束最亮的中心部分，也能去掉一小部分杂光；P1 与 P2 是偏振片，调节其旋转角度就能改变各自光路中的光束的偏振方向，这为后续的球面波干涉实验的验证做了准备；SLM 表示液晶空间光调制器（德国 HOLOEYE 公司生产的 PLUTO-空间光调制器，分辨率可达 1 920 pixel×1 080 pixel，像元大小为 8 μm），将相位掩模版输入就能得到所需的实验生成光束；BS1 和 BS2 是分光器，用于将一束光分离为两束性质一样的光束或者将两束光汇聚为一个光束；M1 与 M2 代表两个反射镜，用于调整光路的走向；CCD 则表示最终用来记录、拍摄、保存生成非对称的椭形光学涡旋阵列的光强剖面模式的相机（型号 Basler acA1 600-60 gc，每秒 60 帧图像，200 万像素分辨率），以便进行后续对实验结果的讨论与分析。

在搭建好实验光路后，打开激光器，在电脑端利用 MATLAB 生成不同组别的相位掩模版，并将其输入液晶空间光调制器（SLM），就能使 CCD 接收到实验生成的非对称椭圆光学涡旋阵列的光强剖面图像，并投影到电脑上，以便进行分析。图 2-11 表现了对生成阵列形状的调控。

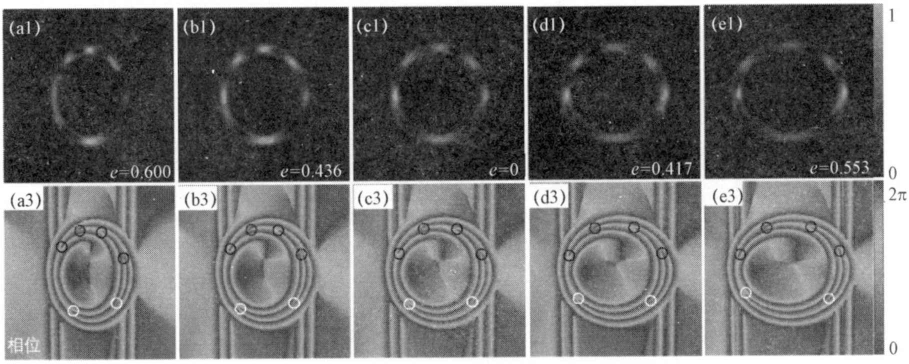

图 2-11　不同拉伸系数对阵列形状离心率的调控

图 2-11 中第一行表示生成的非对称椭圆环形光学涡旋阵列的光强剖面图像，第二行的内容则是各个生成的光涡旋阵列对应的相位模拟图。该组实验选取的拓扑荷值参数统一被设定为 $m_{11}=2$，$m_{12}=-4$ 与 $m_{21}=-2$，$m_{22}=4$，它们中的前两个参量分别表示用于融合生成第一个非对称的椭圆涡旋的下半部分与上半部分光学涡旋包含的拓扑电荷数值，后两个参量则是生成的第二个非对称椭涡旋的对应参数。而且，从图 2-11 中的图（a1）～（c1），用于产生它们的相位掩模版的拉伸系数存在差异，拉伸系数被以 0.1 为间隔设置为从 0.8 到 1.2，因此根据本节上一部分所讨论的原理方面的内容，可以发现实验生成的阵列光强在横向即 x 轴方向的长轴长度发生了拉伸或收缩，并且在 x 轴方向的长轴长度数值与其在纵向即 y 轴方向的长轴长度数值的比值恰恰就等于所设置的拉伸系数。根据椭圆离心率的定义式，便可得到离心率 e 分别为 0.600、0.436、0、0.417、0.553 的不同形状的非对称的椭圆形光学涡旋阵列。

而第二行内容中的相位图里的黑色与白色圆圈分别表示符号为正、负的相位奇点，即正负涡旋，最右面的色谱条表示不同空间位置的生成阵列光强对应的相位数值，通过观察可以发现，上半部分涡旋的数量正好为 m_{12} 与 m_{22} 之间差值的一半，并且有趣的是，相位奇点的正负也与后者减去前者得到数值的符号相一致，对于下半部分的暗核数量与符号也可按照同样的理论分析。

下一组图片（图 2-12）展示了对生成的不对称椭圆光涡阵列的暗核性质，

包括数目与正负方面的调节控制，这也为第一组图片后半部分的推论提供了更为有效的论据：

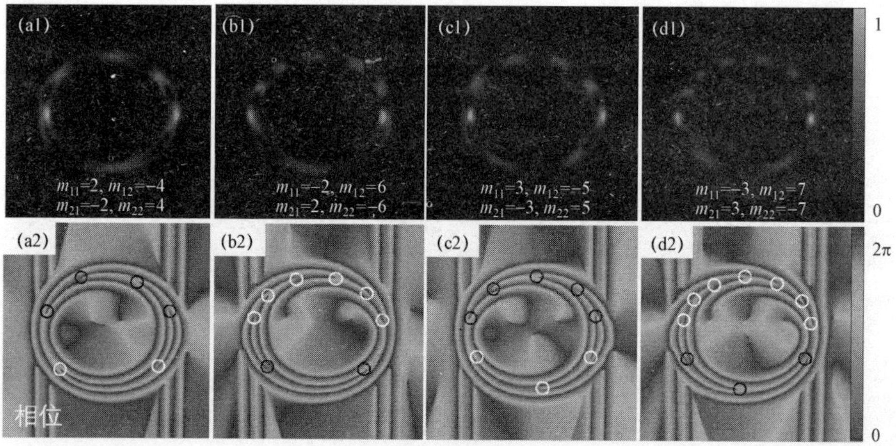

图 2-12　相位奇点调控图

通过改变 MATLAB 中程序的拓扑荷值参数，便产生具备差异的光学相位掩模版，输入到 SLM 中后，由相机记录下的光学阵列的光强图像展示在上图的第一行，第二行代表第一行光学阵列依次对应的相位模拟图像，黑、白色圆圈的含义与上一幅图中的定义一样。经过分析，可以发现这一规律：上下各半部分的涡旋数量与奇点符号的正负都分别由两组，每组各两个拓扑荷值参数所控制，实验结果正好与之前提到的猜想一致。

最后一组图像（图 2-13）展示了加入球面波对生成阵列光束进行干涉产生的画面：

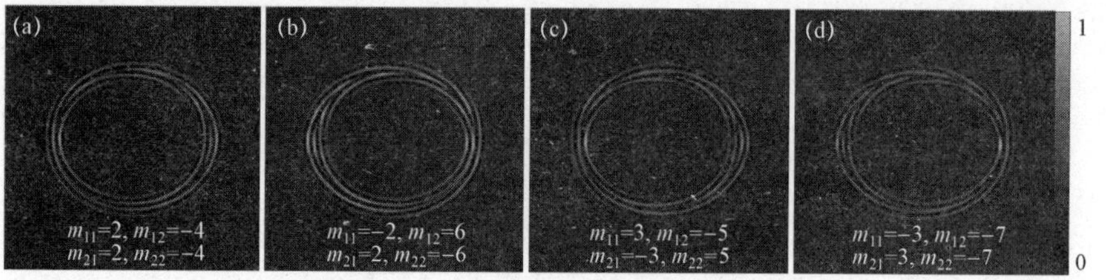

图 2-13　阵列光强干涉图

通过调节球面波光路，即次要光路上的透镜 L5 的水平位置与距离 CCD 相机之间的距离，以及两个偏振片 P1 与 P2 的旋转角度，使球面波光束与利用空间光调制器生成的阵列光束之间满足偏振方向相同、传播方向一致、光强近似的条件，这样就能发生较为强烈的干涉，进而生成粗细合适、线条分明的叉丝。最终被 CCD 记录的阵列光强实验图也与上两组图（图 2－11 与图 2－12）中的相位模拟图的现象相同，这也证实了实验结果与推测规律的准确性与真实性。

在这一部分，阐述了实验光路的搭建过程以及对生成的非对称椭圆光学涡旋阵列的性质的控制，并实验验证了调控规律的正确性。但是，这次实验中生成的阵列形状还不甚理想，其中心对称性没有完全被满足，而且在进行 CCD 相机拍摄的过程中，光强的强度难以保持稳定，会发生不同程度的闪烁现象，经过查找原因，我们提出了以下因素：① 实验过程中，杂光不可能被完全消除；② 激光光源经过长时间不间断的工作，其光强无法稳定，难免发生光强的波动；③ 搭建光路的过程中，每一步的进行都会对之前摆好的仪器位置产生误差，很难避免误差的积累。之后，针对上述问题，将会进行改进，提高实验成果的质量。

2.2.3　小结

本节对这种不对称的椭圆形状的环状光学涡旋阵列的形成过程以及原理部分进行了充分详尽的说明，并对涉及的公式中的各个变量进行了解释。并逐渐深入，阐明了对阵列形状与环上的相位奇点的数量及正负的调控的步骤细节，最后还解释了生成这一特殊的空间结构光学涡旋阵列的必要性与可行性。介绍了实验光路的完整搭建过程和使用的实验仪器的参数、用途，并通过在 MATLAB 中调节相关的参量，实验生成了所需的阵列光强图像，进一步实现了对生成阵列的灵活调控。最后将实验干涉图像与理论模拟图像类比，发现理论猜想与实验结果契合度很高，这也更加提升了先前总结出的规律的可靠性。

第三章

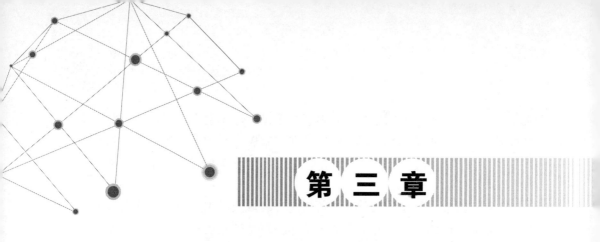

空间结构光场中阵列光学涡旋的构建及调控

3.1 方向可控的椭圆光学涡旋的产生及调控

大自然中存在各种各样的涡旋现象，比如恒星坍缩后的黑洞效应，以及运动的过程中会形成涡旋现象，包括台风云系、水涡旋等。在光学领域同样如此，也存在着光学涡旋现象。由于具有螺旋形相位结构，暗中空强度分布的特殊性质，近些年，光学涡旋发展成为量子领域、微操纵领域等的一个重要分支学科。在光学涡旋的光束中，具有代表性的有矢量光束、轨道角动量光束。光学涡旋独特的动力学、携带轨道角动量和特殊强度分布等特点，可以极大地提高人们对光的调控能力。利用产生的涡旋光束可以实现对不同属性微粒的捕获和转动操纵。不同模式的光学涡旋在光学微加工、通信领域、显微操控等前沿领域都具有重大意义。方向可控的椭圆光学涡旋在具有天线阵列结构的光学加工领域具有潜在的应用，近年来在国际研究领域受到越来越广泛的关注。

椭圆光学涡旋是属于奇点光学范畴，主要有两种产生的方法，一种是用相位奇点产生，这种矢量光束带有 m 倍拓扑荷值的轨道角动量，另一种是用偏振奇点产生的，这种涡旋的偏振方向是随着方位角度变化而变化的，这使得涡旋中心处的偏振具有不确定性，偏振方向随着空间方位角变化，这样的涡旋光束也被称为矢量光束。对椭圆光学涡旋的探究，近年来已有很多。其中波前调控是常用的方式之一，但是由于该调控方式一次定型，无法循环使用，使得它的使用并不广泛。另一种基于空间光调制器（SLM）的计算全息法也是一种有效的产生方法。该方法通过光场在掩膜版里面衍射，进而得到所需的椭圆涡旋光束。由于空间光调制器是一种数字化全息干板，所以在产生过程中能够动态调控，并且操作简单、灵活性高。虽然这种仪器具有价格昂贵、转化效率不高等缺点，但在实验操作过程中，其激发能量足以满足实际需要，所以本节采用的便是基于 SLM 的计算全息法产生椭圆光学涡旋。

近年来，基于光学涡旋的基础科学问题产生了很多，但主要集中在涡旋光束的高效产生和动态调控[118–124]，以及在现实中的应用[125,126]等。近年来，众多研究者报道了许多关于光学涡旋的优秀研究作品，其中为了提高通信能力和改进光学信息编码方法，报道了椭圆涡旋光束[127]。随着计算机生成全息技术和纯相位空间光调制器技术的发展，研究人员利用纯相位调制方法[128]提出了椭圆光学涡旋（EOV）和椭圆完美光学涡旋（EPOV）。此前，椭圆涡旋光束已被广泛研究，2018 年李新忠课题组在光学涡旋的产生过程中引入了一个拉伸因子，实现了一种可通过调控单个因子实现椭圆光学涡旋的产生[129]，从光场物理学的角度来看，这项工作增加了光场的调整维度，扩展了对光场的基本理解。2019 年杨大海等人提出了多路复用椭圆光学涡旋的可控旋转[130]，这项工作对于可编程光镊的发展以及胶体物理和生物物理学中的自动化光传输操作具有重要意义。根据不同坐标系之间变换关系，利用反向设计方法，2020 年李新忠课题组提出了一种定向选择的椭圆光学涡旋阵列[111]，该阵列实现了单个光学涡旋方向可控性，在多粒子系统的复杂操作和定向微材料的制备具有潜在的应用。

为了实现光学涡旋方向性的调控，模式变换技术是一种较为合适的技术，将光学涡旋从一个圆变换为一个椭圆，并以椭圆光学涡旋的长轴指向作为光学涡旋的方向。虽然调制技术在相关文献中有很好的报道，但它的方向仅限于水平或垂直方向。本节解决了椭圆光学涡旋方向转换的难题，实现了对涡旋光束的进一步研究，并提供了一个新的调控参量，即方向。本节通过对三种坐标（极坐标、笛卡尔坐标和椭圆坐标）的转换，使涡旋光束变成方向可控的椭圆光学涡旋光束，并对基于 SLM 产生的椭圆光学涡旋进行分析，探究椭圆涡旋光束光强的影响因素，通过拓扑荷值 m 对椭圆涡旋光束调控，分析椭圆光学涡旋轴半径和涡旋梯度力的影响因素。这些研究将会更详细地帮助理解椭圆光学涡旋。

本节主要的研究内容是通过多坐标（即极坐标、笛卡尔坐标和椭圆坐标）变换，对光学涡旋进行三种操作（包括定位、旋转和拉伸），以获得所观察平面的期望方向，然后利用逆向设计技术，通过傅里叶变换将上述操作映射到初始执行平面上，之后利用全息方法设计实验并验证方向可控的椭圆光学涡旋，最后对其相关性质进行研究。该文章在研究内容方面增加了光学涡旋的调控维度，促进了光学涡旋在表面等离激元加工、材料成型等领域的应用；在研究技术方面巧妙地利用多种坐标之间的变换关系，并结合傅里叶变换技术成功实现了该新型光学涡旋的设计与产生，并为后面椭圆光学涡旋的产生提供了新的方向。

3.1.1　多坐标变换技术

坐标转换是坐标在空间中通过参数的互相转化形成的变换，从一种坐标变换到另一种坐标。通过坐标中的参数转化，使得相应的模型，得到最好的表述。获得方向可控的椭圆，便是运用到了坐标变换技术。对于一个圆，通过多坐标（即极坐标、笛卡尔坐标和椭圆坐标）的变换，对初始圆进行定位、旋转、拉伸等操作，以获得方向可控的椭圆。

现对三种坐标进行简单介绍：

极坐标，属于二维坐标系统，创始人是牛顿，主要应用于数学领域。极坐标中，在平面上取一点 O，叫做极点，引一条射线，射线在平面上无穷长，射线旋转 360° 组成一个二维平面，平面上有一点 M，M 的坐标是（r，θ），r 为极径，表示点 M 到极点 O 的距离，θ 为极角，表示点 M 偏离极轴的角度，一般取逆时针的旋转方向为角度的正方向，这样的一个个点组成了极坐标系。极坐标系是具有圆对称性的，即通过改变角向参量可以实现完整坐标系的旋转，并且在旋转的过程中坐标系的基本性质保持不变。

笛卡尔坐标，包括直角坐标和斜坐标。中心点为 O 点，交于 O 点的两条直线相互垂直，分别为 x 轴和 y 轴，直线箭头指向方向为正方向，在平面上任取一点 M，M 的坐标为（x，y），x 为点 M 到 x 轴的距离，y 为点 M 到 y 轴的距离。如果两条坐标轴上的单位相同，这些无数点 M 组成的平面就叫做笛卡尔坐标。

椭圆坐标是一种二维正交坐标。椭圆坐标有多种表现形式，如以笛卡尔坐标形式表现 $x^2/a^2+y^2/b^2=1$，在笛卡尔坐标平面中任取一点，点坐标为（x，y），a，b 分别为 x 轴和 y 轴上的顶点，$c^2=a^2-b^2$ 中的 c 为焦点，离心率 $e=c/a$。还有以极坐标形式表现，$lx=r\cos\theta$，$y=r\sin\theta$，椭圆坐标（r，θ），这种坐标在不同的情形下有更好的变现形式，通过和笛卡尔坐标相结合，有利于表现椭圆的拉伸。椭圆坐标系具有与极坐标系不同的性质，由于椭圆坐标系的径向参量具有不同的值，使得其角向参量的变化会影响整个坐标系的表示意义，所以在整个坐标变换过程中，其变换顺序不能改变，否则就无法产生预期的旋转效果。

将圆变成一个方向可控的椭圆，采用由极坐标到笛卡尔坐标，最后到椭圆坐标的变换形式。主要过程如下：建立了极坐标（r_1，θ_1），如图 3-1（a）所示，然后，极坐标逆时针旋转一个角度 θ_0（取向因子）成为（r_1，$\theta_1+\theta_0$）。在那之后，使用关系式 $x_1=r_1\cos(\theta_1+\theta_0)$ 和 $y_1=r_1\sin(\theta_1+\theta_0)$ 将极坐标转换为笛卡尔坐标（x_1，y_1）[如图 3-1（b）所示]。最后，再将直角坐标系进行拉伸，被旋转的笛卡尔坐标在 x 轴方向上拉伸（lx_1，y_1），然后使用关系式 $lx_1=\xi_1\cos(\eta_1)$ 和 $y_1=\xi_1\sin(\eta_1)$ 转换成椭圆坐标（ξ_1，η_1）[如图 3-1（c）所示]，其中 m 为拉伸因子。这些操作适用于所有具有所需方向角 θ_0 的初始圆。

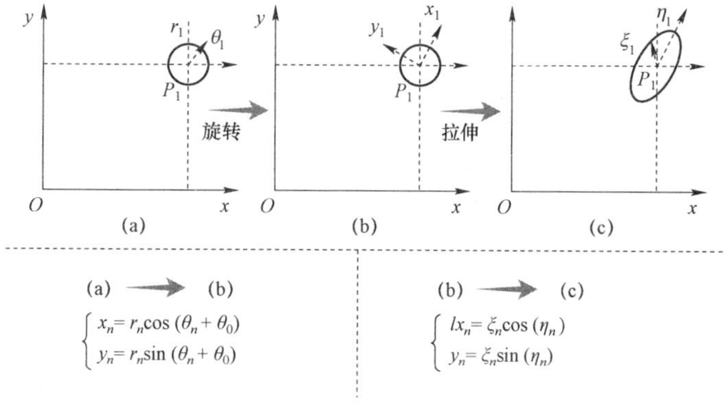

图 3-1　多坐标变换技术原理图

（a）极坐标；（b）笛卡尔坐标；（c）椭圆坐标

基于上述所示的坐标变换原理，将其应用到具体的实践中，实现坐标技术变换的仿真模拟。使用 MATLAB 进行模拟，在极坐标中，假设一个初始极角 $\theta_0=90°$，径向参数设置为单位半径，如图 3-2（a）所示。给定一个旋转角度

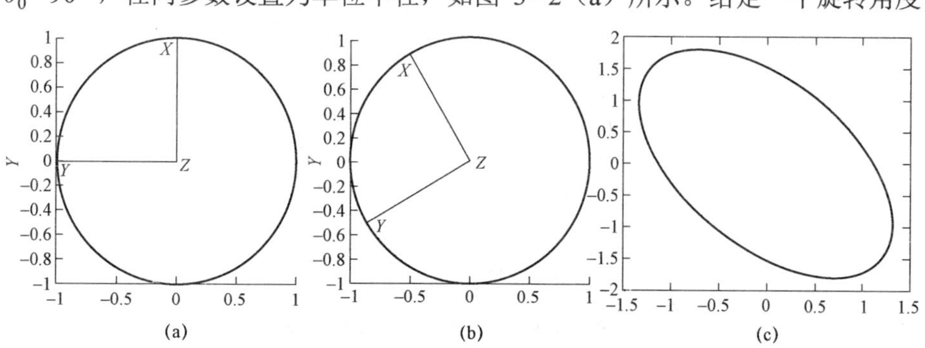

图 3-2　坐标变换模拟图

（a）极坐标；（b）笛卡尔坐标；（c）椭圆坐标

$\theta_1=30°$，然后逆时针旋转，得到如图 3-2（b）所示。最后设定拉伸因子 $l=0.5$，对 x 轴进行变换，得到如图 3-2（c）所示。

经过验证，坐标变换技术的原理是正确的，可以使一个圆变成方向可控的椭圆，MATLAB 的仿真模拟清楚表现出了各坐标间的变换关系，为下面的实验提供了有力的数学理论的支持。

通过对多种坐标的变换学习，对坐标的数学概念和物理应用，有了更深的了解。通过网络和书籍资料的查询，对极坐标、笛卡尔坐标和椭圆坐标的数学概念进行了更深层次的研究，使其形象化，在理论与实际中实现了一个圆变换成不同方向的椭圆，并对于这个过程有了比较清晰的了解。坐标间的变换是参数间的相互联系转换完成的，通过在空间上的转换，使得椭圆的姿态可以控制，并可以通过极坐标来表示。使用 MATLAB 进行坐标技术的仿真模拟。这款软件在很多领域上都有广泛的应用，通过编程实现了复杂数据的可视化，以后会更加频繁地用到这款软件进行模拟与仿真。接下来，将上述原理运用到实践中，将坐标变换与椭圆光学涡旋的产生和调控相结合，实现预期的新型光学涡旋。

3.1.2 基于多坐标变换技术生成方向型椭圆光学涡旋

实验中产生椭圆涡旋光束的方法有利用透镜对 SLM 调制出来的贝塞尔-高斯光束作傅里叶变换，在透镜的焦平面上得到椭圆涡旋光束。

本节利用计算全息法，基于 SLM 产生贝塞尔-高斯光束。将贝塞尔-高斯光束通过透镜作傅里叶变换后，便可得到椭圆涡旋光束。为使产生的椭圆涡旋光束可调控，采用逆向设计，将计算好的坐标参数输入到相位掩模板中，相位掩模板如图 3-3 所示。利用计算机将图 3-3 中所示的相位掩模板输入到

图 3-3　椭圆光学涡旋的相位掩膜版

SLM 中，然后用滤波整形后的平面波（参考光束）照射 SLM，在 SLM 的衍射空间里，平面波被调制，然后以贝塞尔–高斯光束射出，再经过偏振片和透镜，作傅里叶变换，在透镜焦平面处产生椭圆涡旋光束。由于实验中所用的捕获光束为+1 级椭圆涡旋光束，因此在透镜后需放置一光阑，滤除其他衍射级及杂散光，仅使+1 级涡旋光束通过。

为了产生椭圆光学涡旋，采用了计算机生成全息技术和空间光调制器（SLM）[131]。关键问题是如何将上述操作从观察平面转换为原始平面。幸运的是，以傅里叶平面作为观测平面，以 SLM 平面作为原始平面的傅里叶变换是最优选择。

假设 SLM 平面中的光学涡旋由 E（x'，y'）表示，其中撇号表示 SLM 平面中的坐标。当光学旋涡的位移矩阵（x_{on}，y_{on}）在观测平面上得到确定时，根据傅里叶变换的位移定理，得到 SLM 平面上的光学旋涡的复振幅被写作

$$E(x',y')=E_0(x',y')\exp[\mathrm{j}2\pi(x_{\mathrm{on}}x'+y_{\mathrm{on}}y')] \tag{3-1}$$

其中 E_0 代表光学涡旋的复振幅。在极坐标下，椭圆光学涡旋表达式可以改写为

$$E_0(x',y')=E_0(r',\theta')=A\exp(\mathrm{j}m\theta') \tag{3-2}$$

其中 m 为特定光学涡旋的拓扑荷值[132,133]。为了实现光学涡旋在被观测平面内的旋转，基于极坐标傅里叶变换对被观测平面内的旋转采用相同的角度[134]。因此，由方向因子 θ_0 在 SLM 平面上被执行的旋转

$$E_0(r',\theta'+\theta_0)=A\exp(\mathrm{j}m\theta'+\theta_0) \tag{3-3}$$

旋转后，光学涡旋的复振幅再次转换成笛卡尔坐标。然后，使用类似于图 3–1 中所示的计算式将光学涡旋拉伸成椭圆光学涡旋。观察到的平面和 SLM 平面之间的这两个变换是相同的。然而，根据傅里叶变换的缩放定理，SLM 平面上的拉伸因子为 $1/l$。椭圆坐标下的椭圆光学涡旋表达式为

$$E_0(\xi',\eta')=A_2\exp(\mathrm{j}m\eta') \tag{3-4}$$

这里 A_2 是一个变化的常数决定强度。为方便起见，可以将椭圆坐标与极坐标的关系直接推导为

$$\begin{cases}\xi'=\dfrac{r'\cos(\theta'+\theta_0)}{\cos\{\arg[m\tan(\theta'+\theta_0)]-\pi\}}\\ \eta'=\arg[m\tan(\theta'+\theta_0)]-\pi\end{cases} \tag{3-5}$$

其中 arg(•)表示复数的角度，取值范围为（$-\pi$，π）。

在 SLM 平面上进行一系列运算后，设计了椭圆光学涡旋的相位掩模。其中，调制参数包括位移参数（x_{on}，y_{on}），方向因子 θ_0，拉伸因子 l，拓扑荷值 m。为简单起见，在调制前，设置每个光学涡旋具有相同的拓扑荷值，即 $m=1$。然后，进行基于多坐标变换的椭圆光学涡旋的仿真模拟，如图 3-4 所示。

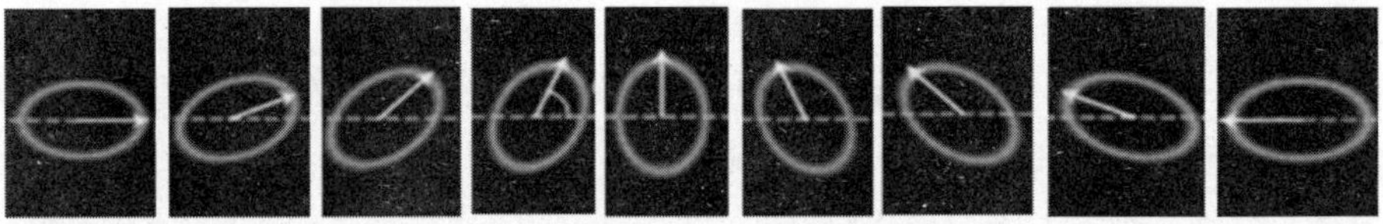

图 3-4　椭圆光学涡旋仿真模拟

使用软件模拟，如图 3-4 所示，实现椭圆光学涡旋的仿真模拟。在模拟过程中，产生一个椭圆光学涡旋，其从角度 0 开始，逆时针旋转 π 角度，取样 8 次，角度依次均匀变换，实现椭圆光学涡旋的方向可控。其中灰色虚线表示旋转初始轴，白色箭头表示其中一个半长轴的方向，两者之间的夹角表示椭圆光学涡旋的旋转角度。

实验原理图如图 3-5 所示。一个波长 $\lambda=532$ nm 的绿色的固态 Nd：YAG 激光（最大输出功率 2 W，可调，Laserwave 有限公司）被选为光源。在经过一个针孔滤波器和一个凸透镜（L1，$f1=100$ mm）之后激光光束转化为一个近似平顶光束。然后，通过偏振器（P1）和分束立方体（BS）传播后的光束照射一个反射式液晶 SLM（空间光调制器，像素大小：8 μm×8 μm，分辨率：

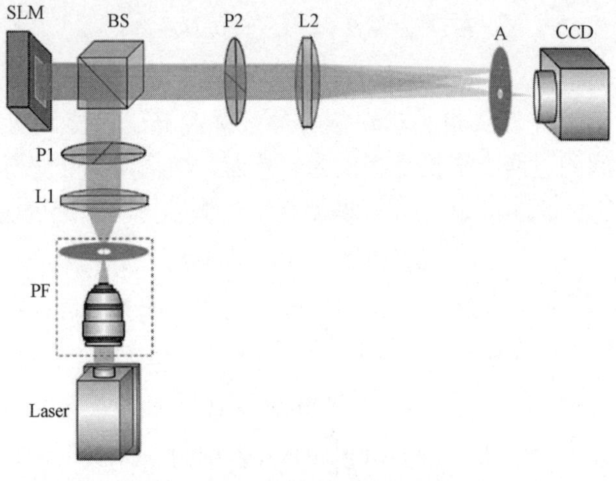

图 3-5　实验原理图

PF—Pinhole filter；A—Aperture；L1, L2—Lenses；P1, P2—Polarizers；SLM—Spatial light modulator；BS—Beam splitter；CCD—Charge coupled device

1 920 pixel×1 080 pixel）。将椭圆光学涡旋的相位掩模板写入 SLM。通过 SLM 的调制光后通过偏振器（P2）和透镜（L2，$f2$=200 mm），作傅里叶变换后，再通过一个光阑，照射进电荷耦合器件相机（CCD，Basle 公司，像素大小：4.5 μm×4.5 μm），CCD 置于 L2 的焦平面处，记录生成的椭圆光学涡旋。

为了使得实验可以得到更加理想的状态，使激光尽可能会聚，同时为了避免杂色光和其他频率的光通过，针孔滤波器是最好的选择。发散的光经过 L1，被会聚成一束平行光束。被扩束整形过的平面波，经过起偏器 P1 调整为偏振光，光束经过分束立方体后，反射到有输入掩膜版的空间光调制器里面，空间光调制器也是一个相当好用的光学器件，可以实现实时光计算、光学信息处理等，它可以通过液晶分子调制光场的某个参量，例如通过调制光场的振幅，通过折射率调制相位，或是实现非相干—相干光的转换等。在空间光调制器里经过衍射后，再经过偏振片 P2 和凸透镜 L2 作傅里叶变换，就被制成了椭圆涡旋光束[135,136]，经过光阑 A 选出 +1 级椭圆旋涡光束，最后入射到 CCD 里面。

为了验证所提方法的有效性，通过实验生成了一个椭圆光学涡旋，如图 3-6 所示。椭圆光学涡旋的拉伸因子设置为 l=1.5，相对应的椭圆率 e=0.745，方向因子 θ_0 =0。实验生成的方向型椭圆光学涡旋验证了上文所提理论的正确性。

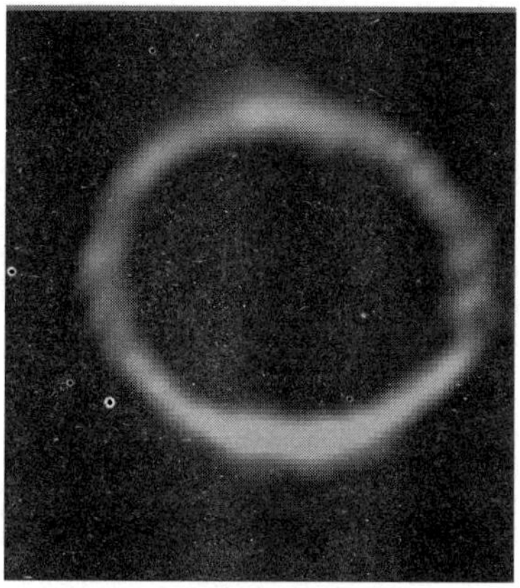

图 3-6　实验产生的椭圆光学涡旋强度分布

本节通过对方向型椭圆光学涡旋的理论产生、仿真模拟、实验产生的学习和研究，在理论和实验上均得到了理想的椭圆光学涡旋。通过理论研究，旋涡光束是基于空间光调制器的计算全息法产生的贝塞尔–高斯光束，然后将贝塞尔–高斯光束作傅里叶变换后得到的。通过计算全息法和空间光调制器的运用，设计相应相位掩膜版，使得更加方便的制得椭圆光学涡旋。

确定椭圆光学涡旋的观察平面和原始平面，通过逆向设计的方法，实现椭圆光学涡旋的方向可控性，将经过多坐标变换后的复振幅等参数，输入到掩膜版里面，然后再将掩膜版通过计算机输入到空间光调制器里面。

通过不同光学器件的架构，进行方向型椭圆光学涡旋的产生调控实验，选用合适的光学器件，优化理论模型，优化实验方案，避免环境和实验仪器产生的误差，还要最大化避免人为误差。通过实验，比较实验结果和仿真模拟的结果，产生的方向型椭圆光学涡旋和理论模拟出的，近乎一模一样，其相关系数达到了 0.988 2。因此，认定该理论设计与实验操作是成功的，达到了预期的期望。

3.1.3 方向型椭圆光学涡旋的特性研究

对椭圆涡旋光束的形状进行探究，已知椭圆的方向是由取向因子 θ_0 决定，离心率 e 决定椭圆扁的程度。现进行实验验证，拓扑荷值固定，离心率固定，通过不同的取向因子来实现椭圆光学涡旋姿态的调控。根据图 3-4 的理论模拟，在实验中生成了相应的一组椭圆光学涡旋，如图 3-7 所示，它共包含 9 个不同取向的椭圆光学涡旋。每个椭圆光学涡旋的拉伸因子设置为 l=1.5，这包括相同的椭圆率 e=0.745。在生成的 9 个椭圆光学涡旋中，方向因子从 0 变为 π，间隔为 π/8。对于椭圆光学涡旋，当方向因子 θ_0 在（0，π）和（π，2π）时，方向是重复的。因此，对于这种情况，θ_0 的取值范围定义为（0，π）。

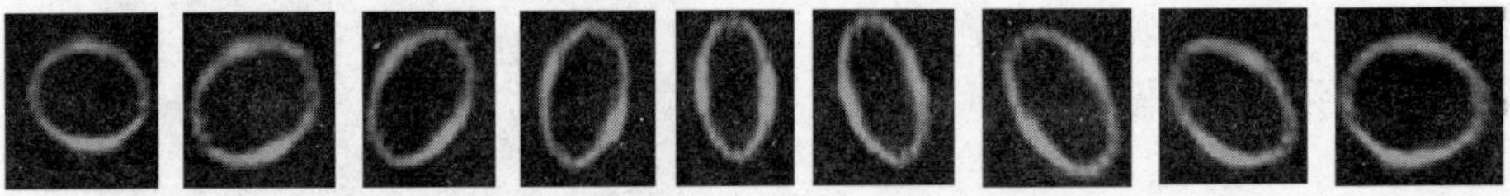

图 3-7　不同的取向因子的椭圆光学涡旋

通过对理论和实验产生的椭圆光学涡旋对比。理论模拟如图 3-4 所示，发现理论模拟与实验产生的图形并不完全相等，那是由于近似的平面光束与期望的椭圆高斯光束并不完全相同，将理论和实验方向因子进行计算和比较，如图 3-8 所示，通过图线表明，实验结果中的微小波动是由于非理想 SLM 性能和环境波动造成的。实验结果与理论结果吻合较好，通过计算，相关系数达到了 0.988 2，这表明了该方法对椭圆光学涡旋方向调制的效果较好。

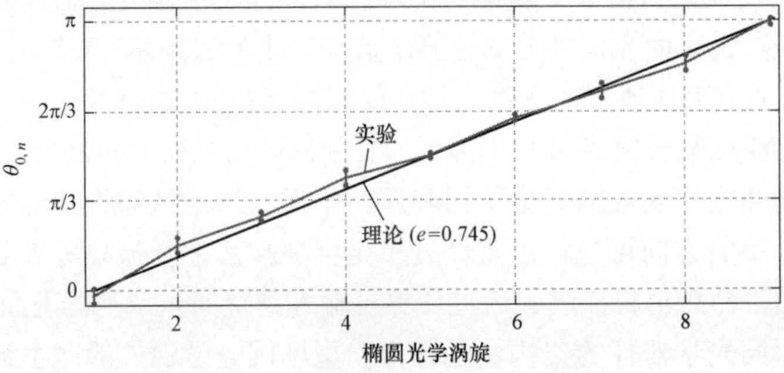

图 3-8　理论和实验方向因子比较图

根据方向型椭圆光学涡旋的现象，对它所表现出来的性质进行探究。拓扑荷值 m 分别取 ±10、±40 时的椭圆涡旋光束光强及相位图，如图 3−9 所示。由图（a1）和（c1）可知，椭圆光学涡旋的轴半径随着拓扑荷值 m 增大而增大，由图（a1）和（b1），（c1）和（d1），发现拓扑荷值 m 的正负并不影响椭圆轴半径的大小，而且当拓扑荷值为负时，其光强分布与拓扑荷值为正时的相同，但其相位变化方向相反，如图（a2）和（b2），（c2）和（d2）所示。

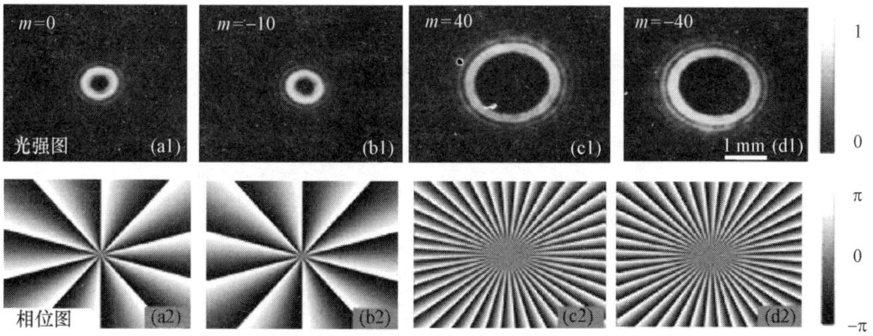

图 3−9　（a1）～（d1）不同拓扑荷值 m 的椭圆光学涡旋光强图；（a2）～（d2）不同拓扑荷值 m 的相位分布图

涡旋光束角向相位周期数等于拓扑荷值，原因是拓扑荷值代表三维空间交织在一起的螺旋形波前数，因此光束截面表现出周期相位分布。现对拓扑荷值的大小与椭圆光学涡旋的轴半径进行拟合，取拓扑荷值 1～50，间隔为 1，发现随着拓扑荷值的增大，椭圆光学涡旋的轴半径呈线性增大，其拟合函数为 $R=20m+195$，相关系数为 0.998 8。

不同拓扑荷值，涡旋梯度力也不同，如图 3−10 所示，拓扑荷值越大，涡旋梯度力也就越大，拓扑荷值的正负不影响梯度力的大小。为了便于观察，把

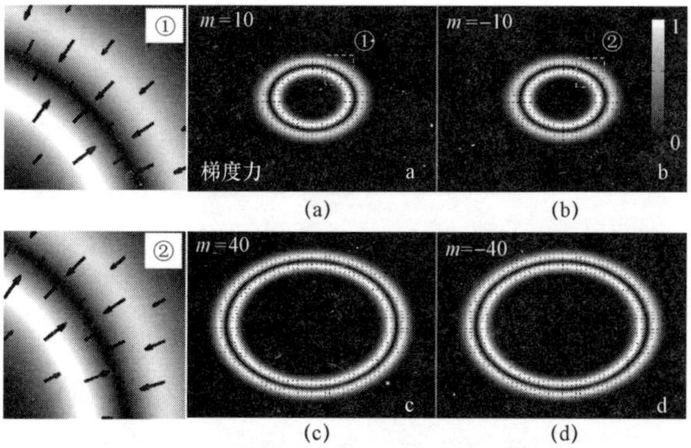

图 3−10　不同拓扑荷值 m 椭圆涡旋梯度力分布

（a）$m=10$；（b）$m=-10$；（c）$m=40$；（d）$m=-40$

图 3-10（a）白色方框①的梯度力场放大 7 倍展示在（a）的左侧，箭头为梯度力方向，从梯度力变化的方向可以看出，梯度力指向力场暗环。椭圆光学涡旋的轴半径也明显随着拓扑电荷的增大而增大。

图 3-11 为椭圆涡旋光束的轨道角动量[137]分布，不同的颜色代表轨道角动量的方向，颜色的深浅代表轨道角动量的大小，从图可以看出，轨道角动量随着拓扑荷值的增大而增大，拓扑荷值为正值时，椭圆光学涡旋相位逆时针旋转，为负值时，旋转方向相反。

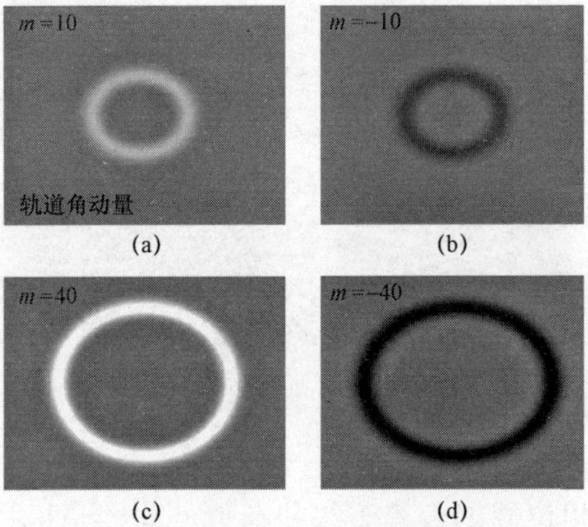

图 3-11　不同拓扑荷值 m 轨道角动量分布

（a）$m=10$；（b）$m=-10$；（c）$m=40$；（d）$m=-40$

经过理论准备、实验进行、现象得出，便到了最重要的特性研究。通过对方向型椭圆光学涡旋的实验现象进行分析，得出了四点椭圆旋涡光束的特性：椭圆的姿态是由取向因子和离心率决定的；涡旋光束的轴半径随着拓扑荷值的增大而增大；拓扑荷值的正负只影响相位变化方向；旋涡梯度力随着拓扑荷值增大而增大。在展现出椭圆涡旋光束的现象时，拓扑荷值成了现象变化的重要因素，无论是椭圆梯度力还是椭圆的轴半径，亦或者是轨道角动量的变化，都使得对拓扑荷值的研究成了重中之重。另外通过对相位的分布和方向等特性的研究，对螺旋形的相位分布结构也有了更深的了解，这也将有利于对椭圆涡旋光束的理解。

理论与实验的椭圆光学涡旋的对比，有一定的误差，因为像差和平面光束并不是理想状态，以及器件的非理性状态和环境波动，都会影响实验产生的现象，由相关系数表明，实验产生的现象与理性模拟的现象吻合较好。进一步研究椭圆涡旋光束的性质，通过拓扑荷值正负及大小的实验，探究了涡旋光束随之的变化。

3.2 宏像素编码生成环形完美涡旋阵列

近年来，光学涡旋由于携带轨道角动量[138]而引起了广泛的关注。涡旋光束作为一种特殊的光场，可用于量子信息通信[60,139]、微粒处理[64,140]、光学测量[69,109]、光学成像和处理[141–145]等多种应用。在 2013 年，Ostrovsky 等[146]提出了完美光学涡旋（POV）的概念，其明亮的环半径与拓扑荷值无关。随后，研究人员对完美涡旋光束的产生方法和光场特性进行了详细的研究。而光学涡旋阵列具有多个涡旋态，为信息传输提供了更多的灵活性和一些潜在的应用[147,148]。基于此，人们对光学涡旋阵列进行了广泛的研究，但是实验生成的完美涡旋光束亮环周围存在强度较高的杂散光环，对后续结果定量分析有很大影响。

目前主要有两类方法来实验生成光学涡旋阵列。一种方法是利用新材料的特殊结构生成光学涡旋阵列。例如，Brasselet 利用向列液晶中间相的拓扑缺陷，实现了控制光涡旋数的光学涡旋阵列，并有可调的二维定位[149]。此外，Andrews 等人基于分子色团纳米阵列的光发射，从理论上生成的光学涡旋阵列其最大拓扑荷值是由激子对称决定[150]。然而，由于材料结构的限制，一旦材料被制造出来，就会造成材料的复杂性和调制难度。

另一种方法主要涉及两种特殊光束的叠加。2007 年，Franke–Arnold 等人根据特定的拓扑荷值将 Laguerre–Gaussian（LG）光束叠加，得到了一种适用于捕获冷态和量子简并原子样本的光环晶格[112]。2008 年，Chu 等人提出了一种基于 Ince–Gaussian（IG）光束叠加的可控的光学涡旋阵列，并讨论了其传播和聚焦特性[151]。但是以上这些方法得到的光学涡旋阵列均有不同强度的杂散光，从而成为其应用中一个亟待解决的问题。

本节主要是基于宏像素编码技术[152]，应用不同拓扑荷值下的+1 级衍射级或–1 级衍射级的同心完美涡旋光束进行干涉叠加，从而生成一个二维可调的环形完美光学涡旋阵列（CPOVA）[153]。宏像素编码技术是通过非周期调制的宏像素编码弥散杂散光斑，入射场的非周期调制破坏了杂散光斑的相干性，冗余焦斑的能量被扩散到焦场中，形成了可以忽略不计的背景光强，从而消除杂散光的干扰，使得在控制多焦点的位置和强度时具有较高的灵活性。为了进一步定量分析宏像素编码技术对实验生成的环形完美涡旋阵列光强的影响，本节对利用宏像素编码技术前后生成的环形完美涡旋阵列的光强分布及相对光强进行了数值计算和对比分析。此外，本节还对基于宏像素编码技术生成的环形光学涡旋阵列的性质进行了深入的研究。在环形完美光学涡旋阵列中，两个同心完美涡旋光束的拓扑荷值选取和锥角参数选取对光学涡旋阵列大小、数目均有直接影响，这对评价其在光镊中的应用前景有一定的参考价值。

3.2.1 宏像素编码技术

宏像素编码技术是指由若干个子像素组合而成像素块，在应用编码时将其作为一个整体的像素的一种技术。宏像素编码技术有两种编码方案，分别为周期性调制和非周期性调制。具体来讲，宏像素由 N 个子像素组成，每个子像素具有各自的相位因子 $T_j = \exp\left[-\mathrm{i}\left(k_x \Delta x_j + k_y \Delta y_j\right)\right](j=1,2,\cdots,N)$，以生成由 N 个焦点组成的二维阵列，每个焦点具有可调位置。如图 3-12 为宏像素编码的原理示意。其中，一个宏像素中的子像素数 N 设置为 4。图 3-12（a）显示了 4 个构成子像素，每个子像素均由各自的相位因子表征。它们所对应的相位因子表达式为 $T_j = \exp\left[-\mathrm{i}\left(k_x \Delta x_j + k_y \Delta y_j + k_z \Delta z_j\right)\right](j=1,2,\cdots,4)$。

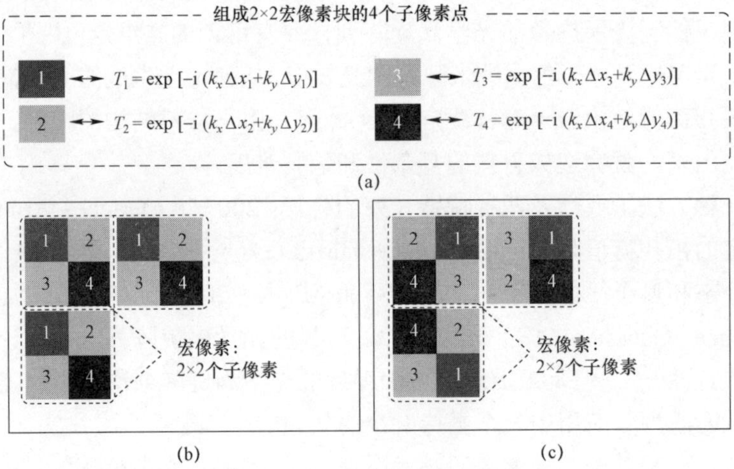

图 3-12　宏像素基本原理图

第一种编码方案是图 3-12（b）所示的周期排列，例如第 j 个亚像素，位于所有宏像素的相同相对位置，形成周期性调制结构。在图 3-12（b）所示的周期布局中，由于 4 个子像素的排列方式与所有宏像素相同，这将在光入射阶段中产生一个周期性结构，从而导致 4 个嵌套的焦点周期性重复。应用这种编码方案，并不能打乱光场周期排列，无法实现削弱甚至消除杂散光的目的。相反，第二种编码方案如图 3-12（c）所示。这种方法的关键是在每个宏像素块上，将第 j 个焦斑对应的第 j 个子像素处的相位值 T_j 随机分配给其中的一个子像素。换句话说，携带 T_j 的亚像素相对于第 m 个和第 n 个宏像素的宏像素中心具有不同的相对位置。这种排列打破了相位因子 T_j 的周期性，因此将其描述为非周期调制。依据图 3－12（c）中所示的子像素的非周期布局，可以在焦平面上产生一个干净的环形阵列，由此可以避免不必要的斑点。这样，就可以产生一个独立的、位置可控的多焦阵列，而没有多余的焦点。

根据以上理论基础，可以得出宏像素编码技术消除杂散光的原理为：通过非周期调制的宏像素编码技术抑制杂散光斑，入射场的非周期调制破坏了杂散光斑的相干性，冗余焦斑的能量重新扩散到焦场中，形成了一个可以忽略不计的背景，从而消除杂散光的干扰，使得在控制多焦点的位置和强度时具有较高的灵活性。

基于上述宏像素编码技术的原理，为了探究非周期性调制宏像素编码技术在消除杂散光方面的优势及对调控光场光强的影响，本节利用 MATLAB 编程实现了 3×3 的高斯点阵仿真，并应用图 3－13 所示的实验装置得到了基于宏像素编码技术生成的高斯点阵实验结果。

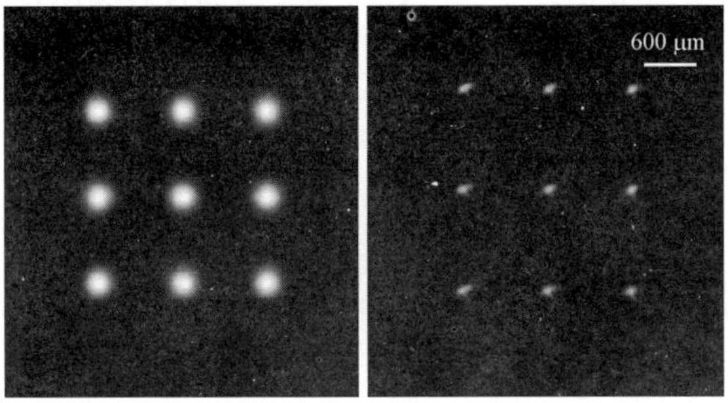

(a)　　(b)

图 3－13　宏像素编码下的高斯点阵仿真和实验图

（a）仿真图；（b）实验图

图 3－13（a）和（b）分别是基于宏像素编码技术，利用 MATLAB 编程实现了 3×3 的高斯点阵仿真图和实验图。从实验图 3－13（b）中可以看到应用非周期性宏像素编码技术在实验中得到的高斯点阵背景纯净。事实上，由于入射到空间光调制器的光束已近似为平顶光束，入射光场结构简单，其寄生干涉影响十分明显，实验条件下基本无法得到高斯点阵。可是在应用非周期性调制宏像素编码技术后，其对子像素对应的相位因子的随机重新分布使得高斯光束间的干涉极大地减弱，从而可以在实验条件下得到高斯点阵实验

图。当然，从图中可以观测到实验得到的高斯点阵光强相对仿真结果较小，形状上也有一些差异。这是因为实验条件下所用的掩模板偏大，而高斯点阵又产生于傅里叶平面，导致了其形状上的差异。大小上的差异则是因为实验条件中存在方形光阑对光束的限制作用。

在本节中，研究了宏像素编码技术的基本原理，并详细解释了宏像素编码技术的两种编码方案，比较了各周期性调制宏像素编码和非周期性宏像素编码的应用优势，最后应用非周期性调制宏像素编码技术对高斯光束点阵进行了仿真模拟和实验生成，为接下来基于宏像素编码技术生成环形完美涡旋阵列的实验奠定基础。

3.2.2　基于宏像素编码生成环形完美涡旋阵列

近年来，涡旋光束在玻色–爱因斯坦凝聚、微粒旋转与操控、光学超分辨成像及量子信息编码等领域具有重要的应用价值，已成为信息光学领域非常重要的前沿研究热点[154]。光学涡旋具有螺旋相位和轨道角动量，光强分布为环形，中心光强为零。但是涡旋光束亮环半径对其拓扑荷值有依赖性，半径随拓扑荷值的增大而增大[155]，这一特性使得其在光纤通信及信息编码领域的应用受到很大限制。2013 年，Ostrovsky 等[146]提出了一种亮环半径不随拓扑荷值增大而增大的涡旋光束，将其命名为完美涡旋光束。

理想状态下，完美涡旋光束在极坐标（r，θ）下的电场表达式[156]为

$$g(r,\theta)\equiv\delta(r-R)\exp(\mathrm{j}m\theta) \tag{3-6}$$

式中，δ（r）为狄拉克函数，R 为待生成涡旋的亮环半径，m 为涡旋的拓扑荷值，θ为方位角。

因为狄拉克函数为理想函数，实验条件下通常使用贝塞尔–高斯函数傅里叶变换的方法得到近似状态下的完美涡旋光束表达式：

$$E(r,\theta)=C\exp(\mathrm{j}m\theta)\exp\left(-\frac{(r-R)^2}{\omega_0^2}\right) \tag{3-7}$$

其中(r,θ)为极坐标系，C 代表振幅项，j 是虚数单位，R 是最终生成的环形涡旋光束的半径，ω_0 表示束腰半径。当ω_0 足够小的时候，公式（3–7）中的振幅项近似为δ函数。

在本节所设计实验中，主要是利用计算全息原理，使用涡旋相位与锥透镜透过率函数结合的方法生成贝塞尔–高斯光束。使用的复振幅透过率函数式为：

$$T(\rho,\varphi)=\exp\{-\mathrm{j}[k(n-1)\rho\alpha+m\varphi]\} \tag{3-8}$$

其中，α为锥透镜的锥角，n为锥透镜折射率。位于相位掩模板衍射空间的光束即为贝塞尔–高斯光束，对其进行傅里叶变换后即可得到完美涡旋光束。

而得到一个环形完美涡旋阵列则需要有完美涡旋光束的干涉叠加。假设有两个同心完美涡旋光束，有不同的半径 R_1 和 R_2，拓扑荷值分别为 $m_1=5$ 和 $m_2=-5$，又由于完美涡旋光束具有相同环宽度ω_g，其叠加后的复振幅可由式（3–9）给出

$$E_0(r,\theta)=E_1(r,\theta)+E_2(r,\theta) \tag{3-9}$$

把方程（3–7）代入方程（3–9），则方程（3–9）可以表示为

$$E_0(r,\theta)=C\exp(\mathrm{i}m_1\theta)\exp\left(-\frac{(r-R_1)^2}{\omega_0^2}\right)+C\exp(\mathrm{i}m_2\theta)\exp\left(-\frac{(r-R_2)^2}{\omega_0^2}\right) \tag{3-10}$$

进一步对方程（3–10）进行简化，可得式（3–11）：

$$\begin{aligned}E_0(R_0,\theta)&=C\exp(\mathrm{i}m_1\theta)\exp\left(-\frac{(R_0-R_1)^2}{\omega_0^2}\right)+C\exp(\mathrm{i}m_2\theta)\exp\left(-\frac{(R_0-R_2)^2}{\omega_0^2}\right)\\&=2C\exp\left(-\frac{(R_0-R_1)^2}{\omega_0^2}\right)\exp\left(\mathrm{i}\frac{m_1+m_2}{2}\theta\right)\cos\left(\frac{m_2-m_1}{2}\theta\right)\end{aligned} \tag{3-11}$$

基于式（3–11），考虑到光强 I 须由复振幅 E_0 取模方才可得到，故推断出若实验利用两个同心完美涡旋光束生成环形完美涡旋阵列，则其具有的暗涡数应为 $N=|m_2-m_1|$，暗涡即为光强等于零处。

接下来，在上述理论基础上，利用 MATLAB 软件进行了实验仿真。假设这两个方程有相同的常数 C，可以发现完美涡旋光束的强度分布是一个单一的亮环，干涉产生的暗涡只存在于两个同心完美涡旋光束亮环重叠的地方。干涉过程如图 3–14 所示。

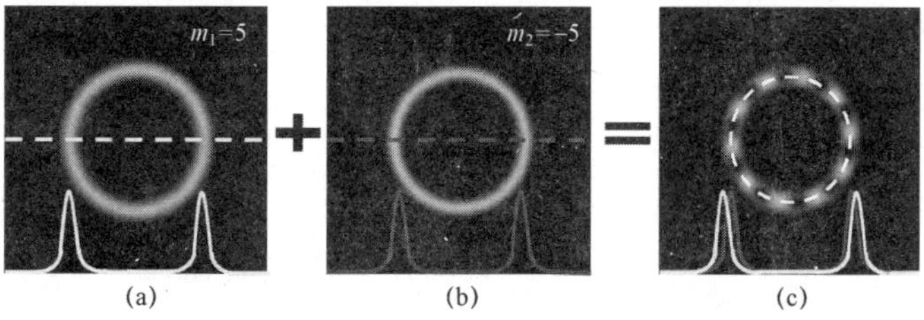

图 3–14　同心完美涡旋干涉叠加仿真图

（a）$m_1=5$；（b）$m_2=-5$；（c）（a）与（b）叠加仿真

图 3－14（a）为拓扑荷值 $m_1=5$ 的完美涡旋光束＋1 级衍射环仿真图，图 3－14（b）为拓扑荷值 $m_2=-5$ 的完美涡旋光束＋1 级衍射环仿真图。两个同心完美涡旋光束亮环经过写入空间光调制器的相位掩模板后，进行相干叠加可得到环形完美涡旋阵列，利用 MATLAB 软件对这一过程进行仿真结果如图 3－14（c）所示。从仿真图中可以观察到，得到的环形完美涡旋阵列暗涡数为 10，且暗涡嵌于亮环中，等距对称分布。需要注意的是两个同心的完美涡旋光束并不等径。

下面讨论宏像素编码实验装置设计。

上述理论主要描述了完美涡旋及环形完美涡旋阵列生成的理论基础，如图 3－15 所示，是产生完美涡旋阵列的实验装置原理图。波长为 532 nm 的连续波固体激光器（Laser）作为产生完美涡旋阵列的光源，通过针孔滤光片（SPT）和凸透镜（L1）后激光器出射的基模高斯光束变为近似平面波光束，再经分束立方体（BS）后照射在反射式空间光调制器（SLM，HOLOEYE PLUTO－VIS－016，像素尺寸为 8 μm×8 μm，填充因子为 90%）上，空间光调制器上写有相应的相位掩模板。在 SLM 的衍射空间内，调制光束经傅里叶透镜 L2 变换后于透镜焦平面处被高分辨率相机（CCD，Basler acA1600－60gc 型彩色相机，像素尺寸为 4.5 μm×4.5 μm，分辨率为 1 600 pixel×1 200 pixel）所记录。由于此实验装置产生的两个同心完美涡旋是在同一光路中，所以保证了产生环形完美涡旋阵列的必要的同轴叠加条件。利用此实验装置，本节即可实验生成基于宏像素编码技术的环形完美涡旋阵列。

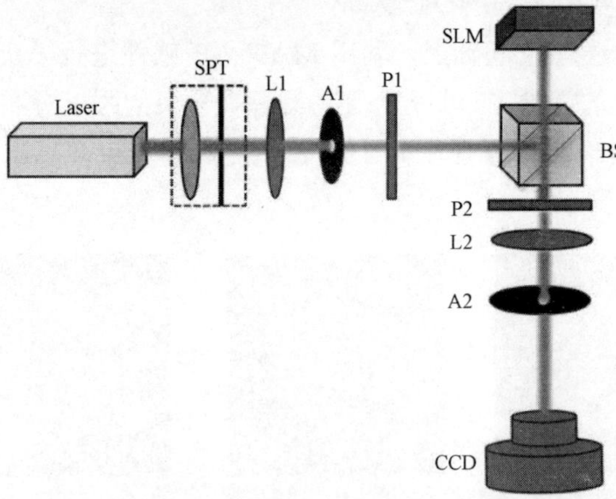

图 3－15　基于宏像素编码技术的实验装置原理图

SPT—针孔滤波器；L1、L2—透镜 1、透镜 2；A1、A2—光阑 1、光阑 2；
P1、P2—偏振片 1、偏振片 2；SLM—空间光调制器；BS—分束立方体；CCD—CCD 相机应用上述实验装置即可实验生成应用非周期性调制宏像素编码技术前后的环形完美涡旋阵列。在实验条件下，本节重复了两个同心完美涡旋光束的干涉叠加过程，并实验生成了环形完美涡旋阵列，干涉过程如图 3－16 所示。

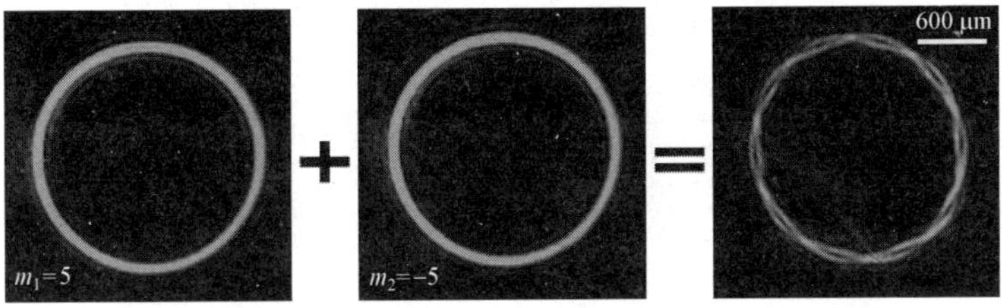

(a)　(b)　(c)

图 3－16　环形完美涡旋阵列干涉过程实验图（未应用宏像素编码）

（a）$m_1=5$；（b）$m_2=-5$；（c）干涉叠加

图 3－16 为未应用非周期性调制宏像素编码技术条件下实验生成的环形完美涡旋阵列，其中图 3－16（a）和图 3－16（b）分别为拓扑荷值 $m_1=5$ 和 $m_2=-5$ 的两个同心完美涡旋光束，从图中可清晰观测到此环形完美涡旋阵列具有暗涡，其数目为 10，其数值上等于两个完美涡旋光束的拓扑荷值相减后得数的绝对值。从图中可以看到光束亮环光强均匀，成像质量较好，但是其光环周围有较为明显的杂散光弧，对后续实验结果分析，环形完美涡旋阵列应用有较为严重的影响。

利用实验光路在实验条件下生成环形完美涡旋阵列后［图 3－16（c）］，可以看到环形完美涡旋阵列在亮环中含有一些暗涡，它们的大小和形状都随暗涡数目的变化而发生变化。并且由于光强偏大，实验生成的环形完美涡旋阵列周围干涉影响明显，其旁边零级亮斑的光强也对整体的光强分布造成一定影响。

本节通过介绍产生完美涡旋及环形完美涡旋阵列的理论，从理论和实验原理两个方面阐释了基于宏像素编码技术生成环形完美涡旋阵列的详细过程。在设计了应用非周期性调制宏像素编码技术生成环形完美涡旋阵列的实验装置之后，并对应用非周期性调制宏像素编码技术前后，实验生成的环形完美涡旋阵列光强进行了简单的定性分析。

3.2.3　环形完美涡旋阵列的特性研究

如图 3－17（a）所示，在利用不加非周期性调制宏像素编码技术的相位掩模板生成环形完美涡旋阵列后，本节又应用加有非周期性调制宏像素编码技术的相位掩模板，利用图 3－15 所示的实验装置实验生成了基于宏像素编码技术的环形完美涡旋阵列实验图，如图 3－17（b）所示。

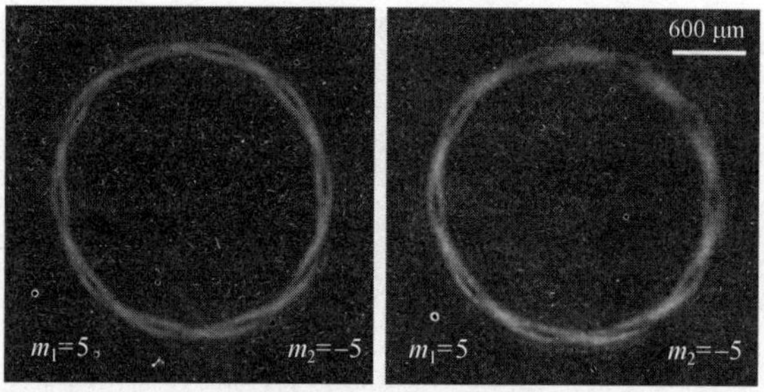

(a)　　(b)

图 3－17　宏像素编码前后环形完美涡旋阵列实验图

（a）未应用宏像素编码所得环形完美涡旋阵列；

（b）应用宏像素编码后所得环形完美涡旋阵列

图 3－17（a）为未应用非周期性调制宏像素编码技术条件下实验生成的环形完美涡旋阵列，其生成过程与前者无区别。图 3－17（b）为应用非周期性调制宏像素编码技术后实验生成的环形完美涡旋阵列，其中两个同心等径的完美涡旋光束拓扑荷值分别为 $m_1=5$ 和 $m_2=-5$，从图中可得此环形完美涡旋阵列具有的暗涡数为 10，其数值上等于两个完美涡旋光束的拓扑荷值相减后得数的绝对值。从图中可以明显看出，应用非周期性调制宏像素编码技术后实验生成的环形完美涡旋阵列背景纯净，亮环周围无杂散光影响，且阵列亮环中暗涡仍清晰可见。不过需要说明的是，图 3－17（b）中背景存在许多噪点，这是由于本节所采用的宏像素编码为 2×2 的宏像素块对两个同心完美涡旋亮环进行独立编码，这就导致多余的子像素吸收了光场中的杂光，从而背景中出现光强较弱，但分布均匀的噪点。而若想避免这种情况的出现，可以利用编程对多余的子像素点进行掩盖，或是尝试实验产生多环完美涡旋阵列，当需要 4 个完美涡旋光束干涉叠加时，2×2 个像素点就可全部被利用，纯净背景的效果应会更加明显。

在定性分析应用宏像素编码技术前后的环形完美涡旋阵列光强对比后，为了进一步研究宏像素编码技术对实验生成的环形完美涡旋阵列光强的影响，本节利用 MATLAB 编写了相关程序进行了定量分析，如图 3－18 所示。

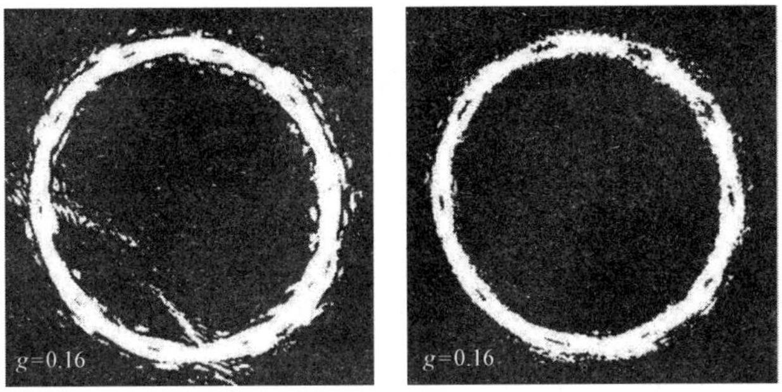

(a)　　　　　　　　　　(b)

图 3－18　宏像素编码前后环形完美涡旋阵列光强分布二值图

（a）未应用宏像素编码所得环形完美涡旋阵列；

（b）应用宏像素编码后所得环形完美涡旋阵列

选取阈值 g=0.16 时，对应用宏像素编码技术前后生成的环形完美涡旋阵列的实验图进行了二值化处理。图 3－18（a）是未应用宏像素编码技术情况下实验生成的环形完美涡旋阵列，其光强分布较为均匀，暗涡轮廓不够清晰，其中杂散光点、光环的影响则最为严重。从图 3－18（b）可以看出，基于宏像素编码技术生成的环形完美涡旋阵列光强分布均匀，也无杂散光斑存在，阵列中的暗涡形状也基本可见。为了分析宏像素编码技术对光场光强的影响，经过程序计算，图 3－18（a）中归一化后的总光强为 I_a=36 854 049 a.u.，环形完美涡旋阵列光强为 I_p=35 635 798 a.u.，而背景光强为 I_b=1 218 251 a.u.，将 I_p 与 I_a 的比值定义为有效光强比 η=96.7%。而图 3－18（b）中归一化后的总光强为 I_a'=37 377 280 a.u.，环形完美涡旋阵列光强为 I_p'=36 782 981 a.u.，而背景光强为 I_b'=2 138 152 a.u.，此时有效光强比 η=98.4%。由此可以得出，基于宏像素编码技术生成的环形完美涡旋阵列光强亮度有明显提高，且环形完美涡旋阵列与实验图总光强的比值也有明显增大。这可以说明，应用宏像素编码技术后，除纯净背景和消除杂散光的作用外，对所需的调控光场的光强分布几乎没有影响。宏像素编码技术通过将子像素随机均匀分配，从而达到纯净背景的实验效果，这一性质在光场调控领域的应用可以很好地帮助消除杂散光环，使得实验条件下获取到更为理想的调控光场，从而能够更加精确地对一系列的新型调控光场特性及参数进行分析与讨论。

环形完美涡旋阵列的性质讨论如下。

在对基于宏像素编码技术产生的环形完美涡旋阵列的实验分析和光强分析后，本节通过图 3－15 所示的实验装置成功得到了基于宏像素编码技术实验生成的环形完美涡旋阵列，接着将会对这种新型调控光场的一些固有参数和性质进行详细的讨论分析。

从生成环形完美涡旋阵列的实验中可以发现一些固有参数对环形完美涡旋阵列的属性具有决定作用。其中固有参数主要包括两个同心完美涡旋光束的拓扑荷值 m_1 和 m_2，锥角 α_1 和 α_2，以及入射高斯光束的束腰宽度 ω_0。为了便于分析，本节采用了控制变量法逐一对环形完美涡旋阵列的几项固有参数进行了实验探究和结果分析。其中，假设生成两个同心完美涡旋光束的入射高斯光束的束腰宽度均为 ω_0。

图 3-19 中第一行即为当干涉叠加的两个同心完美涡旋光束取不同圆锥角时对应生成的环形完美涡旋阵列。由图 3-19（a1）至图 3-19（e1）可知，控制两个同心完美涡旋光束的拓扑荷值为 $m_1=5$ 和 $m_2=-5$，两个同心完美涡旋光束的圆锥角 α_1 和 α_2 均相差0.005，且当圆锥角 α_1 和 α_2 都等差增大时，实验生成的环形完美涡旋阵列径宽也在增大，其阵列中的暗涡数目无变化。由此可见，两个同心完美涡旋光束的圆锥角直接影响到干涉叠加后生成的环形完美涡旋阵列的亮环大小，但与阵列中暗涡数目无关。从图中还发现，当圆锥角 α_1 和 α_2 都等差增大时，在亮环半径增大的同时亮环的光强有所减弱，从图 3-19（a1）和图 3-19（e1）中可以得到明显的光强强弱对比。

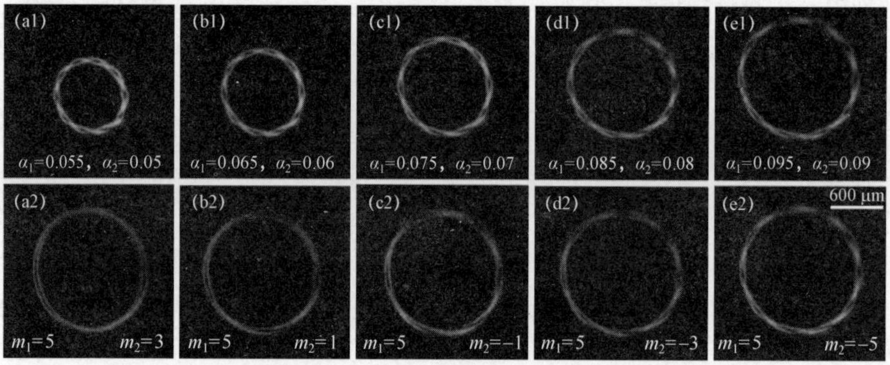

图 3-19　不同圆锥角和不同拓扑荷值下的环形完美涡旋阵列实验图

图 3-19 中第二行即为当干涉叠加的两个同心完美涡旋光束取不同拓扑荷值时对应生成的环形完美涡旋阵列。由图 3-19（a2）至图 3-19（e2）可知，控制两个同心完美涡旋光束的圆锥角 α_1=0.1，α_2=0.095，使两个同心完美涡旋光束的拓扑荷值依次为 $m_1=5$ 和 $m_2=3,1,-1,-3,-5$时，实验生成的环形完美涡旋阵列径宽不变，但其阵列中的暗涡数目依次从 2 增大为 4,6,8,10。这可以推出，环形完美涡旋阵列亮环上暗涡个数 $N=|m_2-m_1|$，通过代入图 3-19（a2）

至图 3–19（e2）每幅图中各自的两个完美涡旋的拓扑荷值，可证得上述函数关系的正确性。由此可见，两个同心完美涡旋光束的圆锥角直接影响到干涉叠加后生成的环形完美涡旋阵列的暗涡数目，但与阵列的亮环径宽无关。并且不难发现，涡旋的数量越少，其暗核就越大，从图 3–19（a2）可以看出，当两个同心完美涡旋光束的拓扑荷值分别为 $m_1=5$，$m_2=3$ 时，暗涡的形状为对称的新月形，这为捕获冷原子簇和特定空间细胞提供了实验可能性。环形完美涡旋阵列的这些性质基本都可以通过调控锥角值和拓扑荷值来自由调制，因此有助于得到具有期望涡数的阵列，从而推动同时操控大量微粒的实验进步。

为了进一步探究锥角变化与环形完美涡旋阵列的径宽关系，本节利用 MATLAB 软件对图 3–19 中第一行各环形完美涡旋阵列进行了二值化处理，并分别测得了对应于不同锥角生成的环形完美涡旋阵列的半径宽度，绘出折线图如图 3–20 所示。

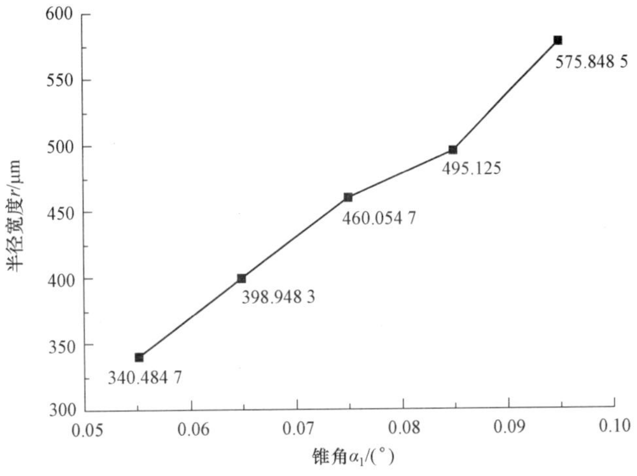

图 3–20　环形完美涡旋阵列半径宽度随锥角变化曲线图

从图 3–20 可以得出，当干涉叠加的两个同心完美涡旋光束锥角变化时，生成的环形完美涡旋阵列半径宽度也随时变化，并且二者成正比关系。图中显示两个同心完美涡旋的锥角 α_1 大小与生成的环形完美涡旋阵列的半径宽度 r 呈线性关系，线性函数为 $r=28.91402+5669.043\alpha_1$。为了量化其线性相关程度，计算了该拟合公式的相关系数，表达式如下：

$$\tau=\frac{\mathrm{cov}(r,r')}{\sigma(r)\cdot\sigma(r')} \tag{3-12}$$

其中，r'为完美涡旋光束亮环光强的实验结果，r 为拟合公式计算得到的完美涡旋光束亮环光强，cov（•）为协方差函数，σ（•）为标准差函数。计算式（3-12），得到该拟合公式的相关系数为 τ=0.994 55≈1，可见相关性较强。

3.2.4 小结

本节作为本章的核心内容，主要分析了应用非周期性调制宏像素编码技术前后实验生成环形完美涡旋阵列的影响，并利用 MATLAB 软件对光强灰度图进行了二值化处理，直接观察到宏像素编码技术在纯净背景，消除杂散光方面的影响。此外，本节还对环形完美涡旋阵列的固有参数和属性及具有的一些性质进行了深入细致的实验研究和结果分析，并从实验结果中得到了其参数与性质之间的函数联系。

综上所述，本节针对环形完美涡旋阵列的产生实验中杂散光的消除，分析研究了宏像素编码技术对其影响。非周期性宏像素编码技术是基于若干个子像素的随机组合，得到宏像素块，从而实现纯净背景的作用。环形完美涡旋阵列作为一种新型结构光场，具有环形光强分布和轨道角动量，且其亮环半径独立于拓扑荷值，在信息编码处理、光纤通信及新型光镊子等领域具有非常广泛的应用潜力。

本节主要是基于宏像素编码技术，从环形完美涡旋阵列的实验产生过程及环形完美涡旋阵列的光强分析两大方面进行了研究，分析了宏像素编码技术如何消除杂散光环，讨论了环形完美涡旋阵列的一些固有参数对其性质的影响。通过分析非周期性宏像素编码技术的理论基础，发现当宏像素块中的子像素经过非周期性调制后其对应的相位因子也不再规律性分布，若将这种编码技术编程到生成相位掩模板的程序中，即可使得对应的调控光场的光强分布均匀化，起到纯净背景，不再有杂散光斑的出现。为了探究宏像素编码技术的实验效果，本节首先针对高斯点阵进行了仿真和实验，从实验中得到了较好的高斯点阵，据此可以认为宏像素编码技术确实对实验光束的光强分布有一定影响作用。基于此，本节应用环形完美涡旋光束的实验装置得到了应用宏像素编码技术前后的环形完美涡旋阵列光强图，直观反映了未应用宏像素编码技术前杂散光环对实验结果的严重影响。并且利用 MATLAB 程序选取阈值为 0.2，分析了宏像素编码前后环形完美涡旋阵列光强分布。从定量化角度得到了宏像素编码技术可以有效消除杂散光环的结论。此外，本节还对实验生成的环形完美涡旋阵列的一些性质进行了分析讨论，实验发现阵列中的暗涡数目与干涉叠加的两个同心完美涡旋光束的拓扑荷值大小成一定函数关系，而环形完美涡旋阵列的半径大小则与生成两个同心完美涡旋光束的锥角大小成正比关系。在两个完美涡旋光束锥角差一定的情况下，锥角越大，干涉叠加后得到的环形完美涡旋阵列的半径越大。

3.3　多波干涉产生的涡旋阵列研究

具备高亮度、高单色性、高方向性和高相干性特点的激光的出现，使得研究工作者对光电领域进行了更加深入的探索。具有代表性的是 Allen 在近轴条件下[137]和 Barnett 在非近轴条件下[157]证明的光束携带轨道角动量的结论，这使人们将注意力集中到了类似于大气涡旋和水涡旋的涡旋光束上。由于与一般的光束相比，涡旋光束具有确定的轨道角动量和螺旋型相位因子，它可使粒子获得角动量进而偏转，并且捕获效率较高，所以它在光操纵、生物医学、光通信和光学存储等领域都有着极其广泛的应用。

随着对涡旋光束研究的深入，研究者发现单个涡旋光束已经无法满足光学领域对多个甚至大量微粒同时进行捕获和观察的需求，此时由一系列周期性排列的光学涡旋组成的涡旋阵列凭借其结构分布和控制参数更加多样化的特点，引起了更多研究者的兴趣；涡旋阵列能够一次性的对多个微粒进行微操纵，并且涡旋阵列中的多个光学涡旋可以携带不同的信息，可应用于大分子筛选、亚细胞工程和微光机电系统驱动粒子等方面，因此它具有更广阔的应用前景。多波干涉作为一种产生涡旋阵列的方法，在很早以前就被研究者发现[158]，随着干涉法的问世，更多研究者也致力于利用多波干涉产生涡旋阵列，例如 Vyas 等人提出用三束小角度的平面波[159]或者具有相同曲率的球面波[160]干涉后产生涡旋阵列，该方法和 Masajada[158]提出的方法均属于分振幅干涉；还有随后分别由 Masajada[161]和 Schoonover[162]提出的分波面干涉法等，这些方法都为研究由多波干涉法产生的涡旋阵列做出了贡献。

尽管干涉法产生涡旋阵列的由来已久，但由于受当时实验条件的限制等原因，对该类涡旋阵列的性质及应用分析的研究尚存不足，特别是对该类涡旋阵列能流、梯度力等性质的分析比较匮乏，而这些性质恰恰又在很大程度上影响了其在光镊领域的重要作用。因此，为了弥补研究空缺，拓展该类涡旋阵列在光镊领域中的发展前景，本节通过改变平面波的波矢，模拟了不同情况下多波干涉产生的涡旋阵列，分析了微粒操纵的条件，并结合这些条件，对上述产生的不同涡旋阵列的能流、光强和梯度力等性质进行逐一分析，旨在丰富多波干涉产生的涡旋阵列的研究内容，扩展该类涡旋阵列在光镊领域的应用。

3.3.1 多波干涉产生涡旋阵列的产生及分析

光子是一种可用于传递信息的重要载体，通过对光子的能量、偏振态以及动量进行分析，就可以得到光子所携带的光信息；而通过对大量光子组成的光涡旋阵列的能流、光强和梯度力等性质进行研究，便能够更深入地了解其在光学微操纵和生物医学等领域的重要应用。近些年来，在涡旋阵列方面的研究主要集中在利用二维或三维晶格结构的涡旋阵列实现对微粒的操纵[163]，而对于用干涉法产生的涡旋阵列的研究却比较少，因此对于此类涡旋阵列性质的研究也少之又少，为弥补这一不足，本节选用干涉法作为基础，研究多波干涉产生的涡旋阵列。

波叠加的一个特点是一加一不一定等于二，两个波的干涉可以使干涉结果相消为零。一般来说，当三个或三个以上的平面波或球面波在空间发生干涉时，完全破坏性干涉发生在节点线以及相位奇点上。通过改变干涉光束的波矢，能得到不同的干涉结果，即产生不同的涡旋阵列。在实际操作时，通过适当设置所用干涉波（即球面波或平面波）的相位，就可以在观察面上观测到涡旋阵列。在迈克尔逊干涉仪和马赫－曾德干涉仪装置的基础上，Vyas等人对这两种实验装置进行了改良，使用较少的光学元件就能得到较高对比度的涡旋阵列。

与球面波相比较，对平面波的研究更便于操作，因此接下来以三个平面波的干涉为例说明多波干涉产生涡旋阵列的原理。

适当改变三个干涉光束之间的倾角（即改变波矢），则三个平面波干涉可得不同形状的涡旋阵列。若考虑其中两个平面波的波前为正交的特殊情况，则此时干涉的三个平面波在 $z=z_0$ 处的观测平面上的复合场分布为

$$\begin{cases} P_1(x,y)=a, \\ P_2(x,y)=a\exp(-\mathrm{j}2\pi\mu x), \\ P_3(x,y)=a\exp(-\mathrm{j}2\pi\nu y), \end{cases} \tag{3-13}$$

其中 a 代表每个干涉波的振幅，$\mu=k_x/2\pi$ 是 x 方向的空间频率，$\nu=k_y/2\pi$ 是 y 方向的空间频率；P_1 是干涉装置输入轴上的平面波，P_2 和 P_3 正交倾斜并具有与 P_1 相对应的线性相位变化。这三个平面波的传播向量为：

$$\begin{cases} \boldsymbol{k}_1 = k_1\hat{z}, \\ \boldsymbol{k}_2 = k_x\hat{x} + k_z\hat{z}, \\ \boldsymbol{k}_3 = k_y\hat{y} + k_z\hat{z}, \end{cases} \tag{3-14}$$

其中，$|\boldsymbol{k}_1| = |\boldsymbol{k}_2| = |\boldsymbol{k}_3| = 2\pi/\lambda$。

干涉后的合振幅为

$$P_r(x,y) = P_1(x,y) + P_2(x,y) + P_3(x,y) \tag{3-15}$$

干涉场的强度为

$$I = a^2\left\{3 + 2\left[\cos(2\pi\mu x) + \cos(2\pi\nu y) + \cos 2\pi(\mu x - \nu y)\right]\right\} \tag{3-16}$$

得到了干涉场的复振幅和强度后，还需要运用波矢的改变和相位分布的知识，对干涉产生的涡旋阵列的分布和传播的原理做一阐释。

三个相互干涉的均匀平面波可以产生一个暗点网格，即涡旋阵列，且每个暗点处都是一个光学涡旋。在一般情况下，要想找到涡旋阵列的分布并简化该过程，可以通过应用以下变换来获得三个平面波：

$$\phi_Q = \phi_Q - \phi_A \tag{3-17}$$

其中 ϕ_Q 是观察平面上平面波 Q（$Q \in A$，B，C）的相位分布。使用该变换可以在每点以角度 ϕ 旋转振幅矢量，并且在给定点进行变换时不会改变振幅矢量之间的角度，也就意味着不会改变涡旋阵列的位置，如图 3-21 所示。变换平面波 A 的相位使其在整个观测面上等于零，相当于把它看做平行于观测面的平面波，记为 A'，另外两个变换后的波 B'、C'也为平面波。这些平面波的振幅不变，它们的波矢坐标为：

$$\begin{cases} k'_{bx} = k_{bx} - k_{ax}, & k'_{by} = k_{by} - k_{ay}, \\ k'_{cy} = k_{cy} - k_{ay}, & k'_{cx} = k_{cx} - k_{ax}, \end{cases} \tag{3-18}$$

坐标原点的相位值是：

$$\psi'_{b0} = \psi_{b0} - \psi_{a0}, \ \psi'_{c0} = \psi_{c0} - \psi_{a0} \tag{3-19}$$

其中（k_{bx}，k_{by}，k_{bz}），（k_{cx}，k_{cy}，k_{cz}）是 B，C 波的波矢，ψ_{a0}、ψ_{b0}、ψ_{c0} 分布是 A，B，C 波在坐标原点的相位值。在运用了变换公式（3-17）后，便可以较容易的得到涡旋阵列分布的所有距离和角度[158]。例如，距离为

$$d_c = \frac{2\pi}{\sqrt{k'^2_{cx} + k'^2_{cy}}} \tag{3-20}$$

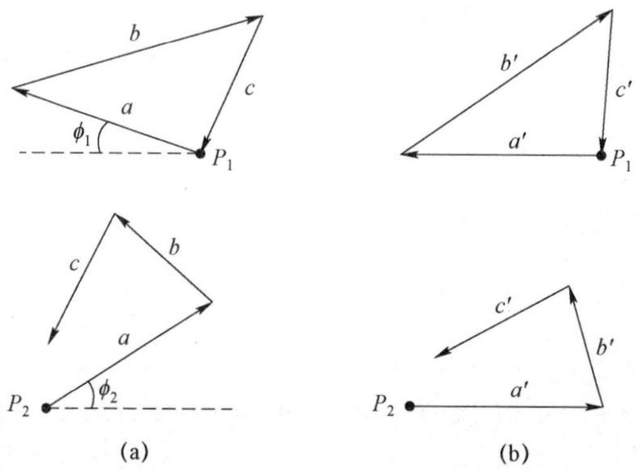

图 3-21　在观测平面上每个点（P_1，P_2，…）有三个振幅矢量，代表三个干涉平面波。在每一点上，以与波 A 的振幅矢量相对应的角度（ϕ_1，ϕ_2，…）旋转矢量。显然这种变换不会改变振幅矢量之间的夹角，因此不会改变涡旋阵列的位置

（a）为旋转前；（b）为旋转后

如果观察平面沿着 z 轴移动，则可以利用平面波的变换集合找到涡旋阵列的传播轨迹。假设观察平面在距离原点 δ_z 处移动，则将平面波 A'的相位从零变为 $k\delta z$，在相位奇点处其他两个平面波应以相同的速率变化，否则矢量三角形不封闭。由此可得到两个方程：

$$\begin{cases} xk'_{bx} + yk'_{by} + \psi'_{b0} = \psi'_b + k\delta z, \\ xk'_{cx} + yk'_{cy} + \psi'_{c0} = \psi'_c + k\delta z, \end{cases} \tag{3-21}$$

其中，ψ'_b，ψ'_c 是平面波 B'，C'在给定奇点处的相位，由余弦定理便可求解，解为：

$$\begin{cases} x = \dfrac{k\left(k'_{by} - k'_{cy}\right)}{k'_{by}k'_{cx} - k'_{bx}k'_{cy}}\delta z + \dfrac{k'_{by}\left(\psi'_c - \psi'_{c0}\right) - k'_{cy}\left(\psi'_b - \psi'_{b0}\right)}{k'_{by}k'_{cx} - k'_{bx}k'_{cy}}, \\ y = \dfrac{k\left(k'_{cx} - k'_{bx}\right)}{k'_{by}k'_{cx} - k'_{bx}k'_{cy}}\delta z + \dfrac{-k'_{bx}\left(\psi_c - \psi'_{c0}\right) + k'_{cx}\left(\psi_b - \psi'_{b0}\right)}{k'_{by}k'_{cx} - k'_{bx}k'_{cy}} \end{cases} \tag{3-22}$$

由此可得涡旋阵列的位置是关于 z 的线性函数，所以它们是由方程确定的直线传播的，通过以上各式，便得到了干涉法产生涡旋阵列的原理以及分布和传播规律。

3.3.2　多波干涉的 MATLAB 模拟

MATLAB 是一种工程仿真和数学类应用软件，可以进行绘制函数、数组

和矩阵分析、连接其他编程语言的程序和系统模拟仿真等操作，主要应用于图像处理[164]、人工智能、符号运算、金融建模设计与分析、信号检测和信号处理与通信等领域。因为它具有完备的数值运算功能、强大的图形处理能力、简单但高级的程序运行环境和丰富的工具箱，是高校教学与科研工作中不可或缺的工具，因此也成为本次实验模拟的首选软件。

由干涉法产生涡旋阵列的原理可得通过改变干涉平面波的波矢，就可以得到不同形状的涡旋阵列，而且还可以通过连续光束截面的强度和相位分布的成像特点来确定涡旋线的几何结构。通过观察每个点的相位结构，便可以找到界面内涡旋的位置，在相位分布图中相位变化 $\pm 2\pi$ 处即表示涡旋；在光强分布图中同样可以通过观察亮暗程度的变化确定涡旋的位置。通过对涡旋阵列分布规律和涡旋特点进行分析，可以将多波干涉产生的涡旋阵列与光操纵相联系，拓展其在光操纵领域的应用。

以下是对于多波干涉的 MATLAB 模拟结果。

（1）三波干涉

当三个平面波发生干涉时，取 A，B，C 为这三个干涉波的波矢，令波矢所围图形为等边三角形，模拟结果如图 3–22 所示。

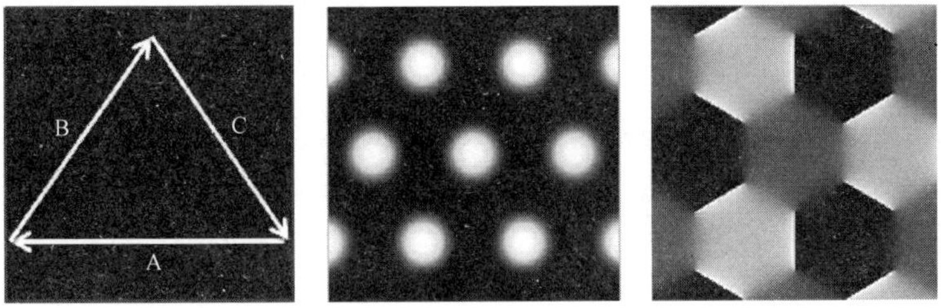

(a)　　(b)　　(c)

图 3–22　波矢为等边三角形的涡旋阵列

（a）波矢图；（b）光强分布图；（c）相位分布图

改变用于干涉的三个平面波的波矢，使波矢所围图形为等边三角形，如图 3–22（a）所示，得到了图 3–22（b）的模拟结果，通过观察可以发现该涡旋阵列的光强分布均匀，且光强的强弱程度分明，当有多个微粒在该光场中时，它们受光照射均匀；又因为光强分布规律呈现正六边形，因此可以同时捕获多个微粒，并使微粒均匀分布在该区域。通过观察图 3–22（c）可以发现涡旋阵列中每个涡旋的相位都有规律的连续变化，且光强为 0 的相位奇点也呈六边形分布。

（2）四波干涉

当四个平面波发生干涉时，取 A，B，C，D 为这四个干涉波的波矢，令波矢所围图形为飞镖形，模拟结果如图 3-23 所示。

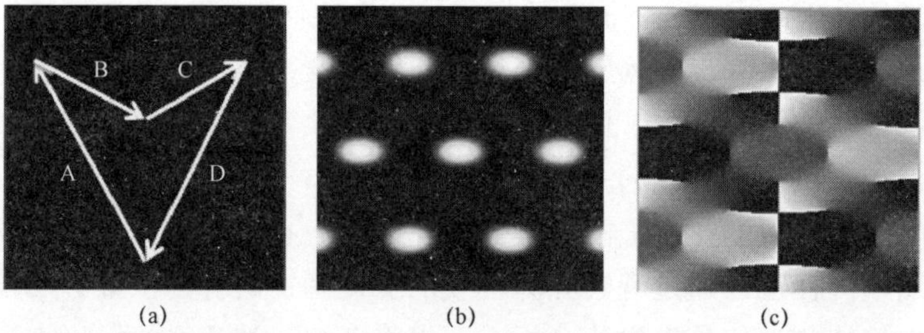

图 3-23　波矢为飞镖形的涡旋阵列

（a）波矢图；（b）光强分布图；（c）相位分布图

观察图 3-23（b）得该涡旋阵列的光强大致呈现两种分布趋势：一种是光强亮暗变化明显的椭圆形分布，且每个椭圆形光斑相连后横向排列成一条直线；另一种是光强较弱的波浪形曲线分布，而且该曲线分布在椭圆形光斑连成的两两直线之间，整体分布均匀且有规律。观察 3-23（c）得相位变化也有一定的规律：相位奇点整体呈平行四边形分布，由相位奇点构成的各个平行四边形彼此紧密衔接，且涡旋的相位围绕每个相位奇点都在连续变化。

（3）五波干涉

当五个平面波发生干涉时，取 A，B，C，D，E 为这五个干涉波的波矢，令波矢所围图形为字母 M 形，模拟结果如图 3-24 所示。

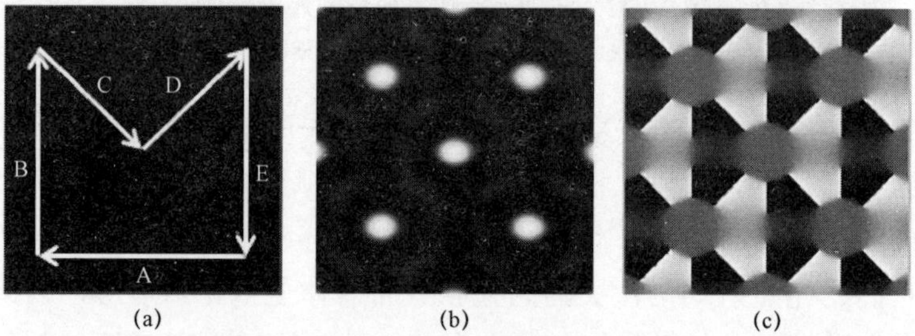

图 3-24　波矢为字母 M 的涡旋阵列

（a）波矢图；（b）光强分布图；（c）相位分布图

观察图 3-24（b）可以发现其光强分布均匀，且呈矩形分布规律，微粒可以被捕获在光强最强的势阱处，且各个涡旋之间距离较远，不会出现同一个微粒处于两个涡旋之间无法被稳定捕获的现象；观察图 3-24（c）得相位也呈连续且有规律的变化，涡旋阵列的相位奇点也呈矩形分布，且各个矩形规则排列，布满整个页面。

（4）六波干涉

当六个平面波发生干涉时，取 A，B，C，D，E，F 为这六个干涉波的波矢，可分为以下两种情况。

① 令波矢所围图形为心形，模拟结果如图 3-25 所示。

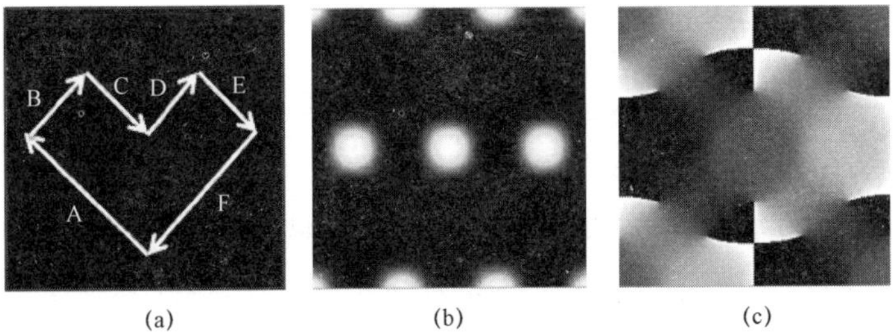

图 3-25　波矢为心形的涡旋阵列

（a）波矢图；（b）光强分布图；（c）相位分布图

② 令波矢所围图形为字母 V，模拟结果如图 3-26 所示。

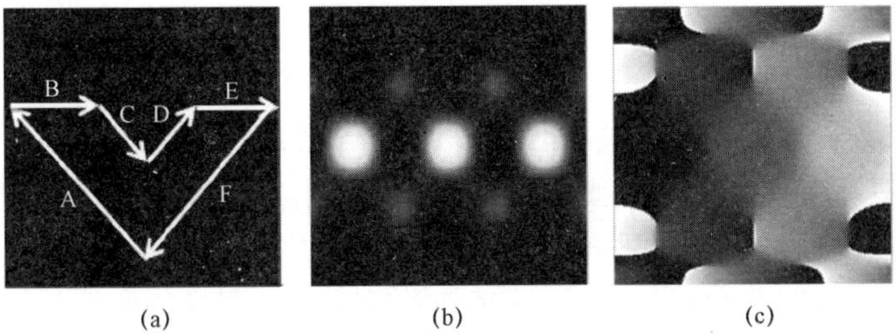

图 3-26　波矢为字母 V 形的涡旋阵列

（a）波矢图；（b）光强分布图；（c）相位分布图

由图 3-25（b）和图 3-26（b）得由六波干涉所得的这两种涡旋阵列光强分布均匀，并且在横向上的光强分布有明显的规律，即各个光强最亮点都排列成直线分布在页面中线处，光强较弱点也呈现规则的直线排列，与最亮的光斑形成的直线平行排布，光学涡旋光强的这种整齐排列使得对微粒进行有序排列成为可能。观察图 3–25（c）和图 3–26（c）得虽然这两个涡旋阵列的相位分布没有明显的变化规律，但都存在相位奇点，图 3–25（c）中相位奇点呈环状分布，相位奇点构成的环形由中心向外扩展，范围依次增大；图 3–26（c）中的相位奇点在横向上也排列为直线，并在各条直线上交错分布。

在本节，首先介绍了用干涉法产生涡旋阵列的原理，并探究了三波干涉所得涡旋阵列的分布及传播规律，接着对多波干涉进行了 MATLAB 模拟，由模拟结果发现：与许多个平面波的干涉叠加不同，三波和四波干涉时的涡旋的拓扑结构是相对受限的[131]，其中三波干涉可用于产生捕获多个微粒的呈正六边形分布的涡旋阵列；四波干涉所得涡旋阵列并不是都能对微粒进行操纵，只有适当改变平面波的波矢才能将产生的涡旋阵列应用于更多领域；五波干涉和六波干涉都能产生不同结构的涡旋阵列，其结构不同，应用也不相同。即不同数量的平面波干涉产生的涡旋阵列结构不同，适当改变波矢，大部分的涡旋阵列都能与光操纵技术结合，发挥不同的作用。本节主要为后续对涡旋阵列的特性研究和力场分析选择合适的涡旋阵列，并提供理论基础。

3.3.3 干涉涡旋阵列的微粒操纵特性研究

当光照射物体时，二者之间就会产生相互作用，在这种相互作用下产生的微小的力可以用来捕获和操纵微粒，即为光镊[165,166]——一种用光操纵微粒的技术。光镊诞生于 1986 年，Ashkin 等人改进了实验，仅利用一束聚焦良好的激光就实现了对水中电介质微粒的捕获[167]，随后，Chu 等人又利用这种形式的光镊捕获冷原子，并因此荣获 1997 年诺贝尔物理学奖[168,169]。

微粒处于光场中时会受到散射力和梯度力，二者共同作用于微粒便形成束缚微粒的势阱。当光子进入一个折射率大于周围介质的物体时，光子的部分动量可以转移到这个物体上，这种动量转移使得用光操纵微粒成为可能。在光强分布均匀的光场中，光束对微粒的横向推力会完全抵消，剩下的纵向推力与动量改变产生的力的矢量和便将微粒束缚住；而在光强分布存在梯度的非均匀光场中，沿光线方向推走微粒的散射力和横向上指向光强较强处的梯度力共同作用于微粒，其中受梯度力作用，微粒会被拉向光束的聚焦中心，最终微粒被定点捕获，这便是微粒操纵原理。

当微粒处于激光束中心但是不在其焦点 O'上时，光对微粒的作用力如

图 3－27 所示，图 3－27（a）中 a，b 为两条典型的入射光线，经过微粒折射得到出射光线 a'，b'，由于折射使动量发生改变，从而对微粒施加了力 F_a 和 F_b，二者的合力记为 F。将 F_a 和 F_b 分解为沿光轴方向和垂直指向光轴方向的力，如图 3－27（b）所示，可以得到 F_{ag}、F_{bg} 和 F_{as}、F_{bs} 这四个不同的力，其中梯度力表现为 F_{ag} 和 F_{bg} 的矢量和，指向光轴；散射力表现为 F_{as} 和 F_{bs} 的矢量和，沿光轴方向。当梯度力和散射力的合力指向光束焦点时，微粒就被稳定捕获于光焦点处，进而可以对微粒进行操纵。

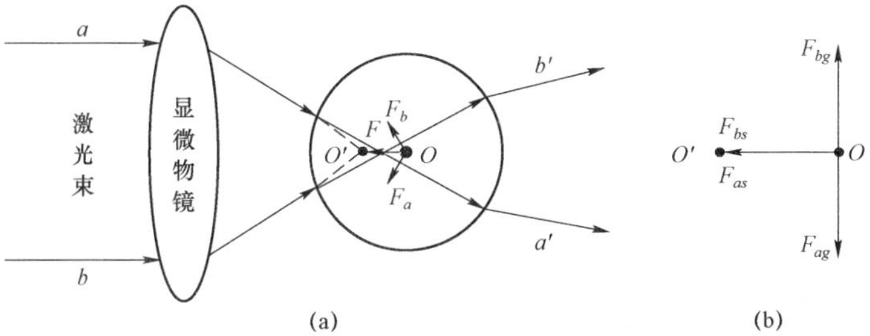

图 3－27　微粒在光场中的受力分析

（a）力的合成；（b）力的分解

综上所述，激光操纵微粒的条件为：微粒的折射率大于周围介质折射率；梯度力与散射力达到平衡；激光光强足够强，以满足对微粒的捕获提供比散射力更大的梯度力，但也不能太强，以免损伤微粒；并且需要微粒的透明度较高等。

了解微粒在光场中的受力即对微粒在涡旋阵列中的光强以及梯度力、能流进行分析，有利于将不同涡旋阵列与光操纵相联系。

当物体受光照射时，光会对物体产生压力，也称为光辐射压力，其大小可由麦克斯韦理论或光量子模型推导得出[170]。对于一束聚焦激光，光辐射压力通常表现为两种形式：一种表现为拉力，是沿光强梯度方向的指向光强较强处的梯度力 F_G；另一种表现为推力，是由光对粒子折射、反射和吸收时产生的沿光轴方向的散射力 F_S。当梯度力大于散射力时，粒子便被稳定捕获在光强最强处。

对于半径为 a 且远小于光波长的瑞利粒子，若粒子绝缘，则它在光场中仅受梯度力与散射力作用。将微粒看作电偶极子，就能利用电偶极子受洛伦兹力计算梯度力和它对电磁波的散射计算散射力，则：

梯度力为[171–173]

$$F_G = 2\pi a^3 \frac{n_2}{c}\frac{m^2-1}{m^2+2}\nabla I(r,z) \tag{3-23}$$

散射力为

$$F_S = \frac{8}{3}\pi k^4 a^6 \frac{n_2}{c}\left[\frac{m^2-1}{m^2+2}\right] I(r,z) \tag{3-24}$$

其中，n_1 为光传输介质的折射率，n_2 为粒子的折射率，$m=n_2/n_1$，且 $k=2\pi n_1/\lambda$ 为粒子在光传输介质中的波数，由式（3–23）可反映出梯度力与光场能量梯度的正比关系。

通过前面分析可得多波干涉中，波矢为三角形、飞镖形和心形时产生的涡旋阵列特点鲜明，接下来便以上述涡旋阵列作为研究对象来分析它们各自的光强与梯度力的关系。不同数量的平面波干涉生成的涡旋阵列的光强及梯度力分布如图 3–28 所示，其中图 3–28（a2）（b2）（c2）中实线箭头指向即梯度力的方向。

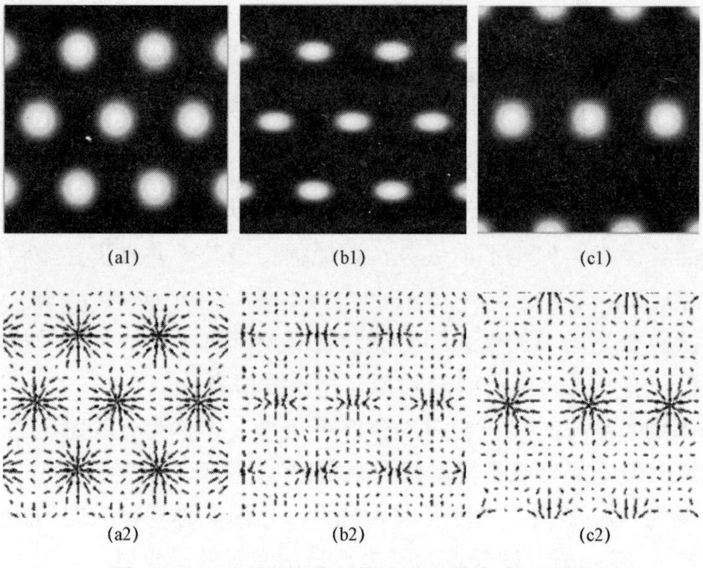

图 3–28　不同涡旋阵列的光强及梯度力分布图

（a1）（b1）（c1）分别表示波矢为等边三角形、飞镖形和心形的涡旋阵列光强分布；
（a2）（b2）（c2）分别表示波矢为等边三角形、飞镖形和心形的涡旋阵列梯度力分布

观察图 3–28（a1）、（b1）、（c1）得图中背景亮暗程度各有不同，即代表光强大小不同，由暗到亮光强逐渐增大。结合式（3–23）分析，上述模拟结果与下述理论一致：在强度非均匀分布的光场中，微粒受到的梯度力方向指

向光强增大的方向，而且梯度力的大小正比于光强梯度[174]。图 3–28（a2）、（b2）、（c2）是对应于不同光强的梯度力分布图，通过观察可以发现，箭头均指向与图 3–28（a1）、（b1）、（c1）相对应的光强最强处，也就意味着梯度力指向光强中心，箭头越长的地方梯度力也越大，容易在该点捕获微粒。若微粒位于上述光场中背景较暗处时，受梯度力影响，微粒便被捕获于背景较亮的梯度力场暗核处，实现了定点捕获、筛选和有序排列大量微粒。若微粒为微米数量级，且入射光功率达到几百毫瓦时，包含多个涡旋光束的涡旋阵列就可以使大量微粒的旋转速度达到几百赫兹，可用于驱动微型机械[175]。

能流分析如下。

通过 2.2.1 节的分析可得梯度力可将微粒捕获于光强中心，实现捕获后便要进一步研究如何使微粒运动，因此便需要对上述涡旋阵列的能流进行分析，研究能流如何使微粒在光强的强弱程度不同处做不同的运动。

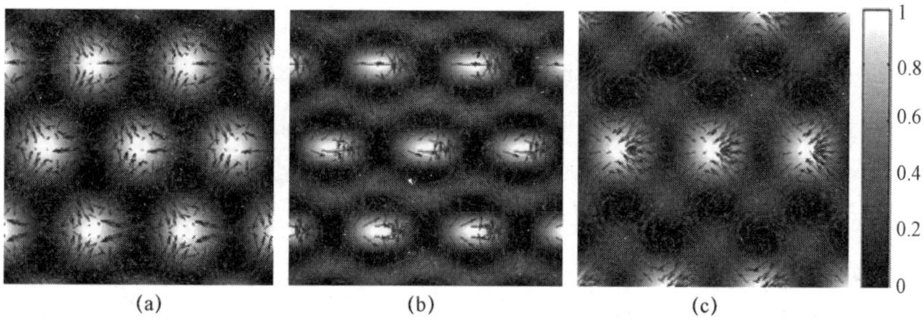

图 3–29　不同涡旋阵列能流分布图

（a）波矢为等边三角形的涡旋阵列的能流分布；（b）波矢为飞镖形的涡旋阵列的能流分布；（c）波矢为心形的涡旋阵列的能流分布

不同数量的平面波干涉生成的涡旋阵列的能流分布如图 3–29 所示，图中箭头方向代表能流方向。观察图 3–29 可以发现，各个涡旋周围不同方向的能流大部分环绕奇点分布，因此微粒可绕奇点运动。相比于研究者们已分析较多的三波干涉（能流分布如图 3–29（a）所示），观察图 3–29（b）可以发现，图（b）的能流分布可以使置于其中的大量微粒呈现两种运动趋势，一种是当微粒被置于奇点附近时，螺旋分布的能流使得微粒绕奇点运动；另一种是当微粒被置于光强较弱但非奇点处时，微粒随着能流所呈现的波浪形分布趋势可以向箭头所指方向运动。由于涡旋光束所携带的轨道角动量在对微粒进行捕获时可将其传递给微粒，当不同尺寸的微粒被捕获时，它们会受到不同的扳手力，导致受力不同，尺寸大的微粒有较大角动量，则在光场中受力也较大，运动方向发生偏转，改变原来的运动路线；反之，尺寸小的微粒角动量就小，受力也就小，因此不会改变运动路线，这便根据不同尺寸微粒的运动趋势，即随能流方向运动和绕奇点运动，实现了筛选和输运的功能。

观察图 3–29（c）发现，能流方向除了指向奇点外，在奇点周围还呈现顺时针和逆时针旋转交错分布的趋势，当微粒处于光场中任意位置时，随着这种旋转趋势，微粒可绕奇点做明显的旋转运动，因此既能实现对微粒的捕获，也可以使微粒在光场中运动。相比于简单的三波干涉所得涡旋阵列仅能使微粒做单一的运动，该类涡旋阵列最明显的优势是可以使大量微粒同时做不同方向旋转运动，可以将其应用于类似于齿轮传动装置的动力系统，为生物医学等领域开拓发展前景。

3.3.4 小结

本节首先分析了微粒操纵的原理和条件，通过绘制微粒在光场中的受力图，直观的表述出微粒操纵的原理，并结合相关理论知识总结了微粒操纵的条件；接着又模拟了多波干涉产生的不同涡旋阵列的光强及梯度力、能流，并对模拟结果进行了分析，结合能流的特点以及光强与梯度力的关系，得出不同涡旋阵列能够操纵微粒的原因。通过比较还得出本节所采用的波矢不同的四波和六波干涉，相对于已被多人研究过的三波干涉具有更广泛的应用前景的结论，丰富了涡旋阵列的研究内容，拓展了结构各异的涡旋阵列的发展前景。

本节以结构分布多样化的涡旋阵列为研究对象，以干涉法为实验方法，探讨了多波干涉产生涡旋阵列的原理，并通过改变平面波的波矢模拟生成了不同结构的涡旋阵列，对生成的涡旋阵列进行了分析比较；接下来，将涡旋阵列与光镊相联系，讨论了微粒操纵的原理及条件，对处于涡旋阵列中的微粒进行了受力分析；最后选取了之前模拟产生的质量较好的涡旋阵列再次进行梯度力和能流的模拟，分析讨论了模拟结果，验证了涡旋阵列可以更加高效方便的进行多微粒操纵的理论，为今后的微粒操纵研究做了铺垫。

针对光镊领域所需的有助于对微粒进行捕获和操纵的性质进行了分析，利用不同数量的平面波发生干涉，由波矢的改变得到不同模拟结果，进而研究了此类涡旋阵列的光强及梯度力、能流的性质，尤其是本节模拟四波和六波干涉产生的涡旋阵列具有新颖的结构和多样化的功能，丰富了干涉产生的结构各异的涡旋阵的研究内容。

目前本节仅对三、四、五、六个平面波的干涉进行了模拟，平面波的数量还可以增多，波矢的选择范围也可以更加宽泛，所以本设计还有较大的提升空间。在后续研究中可以增加干涉平面波的数量，并且拓展波矢的范围，不再将多个平面波的波矢所围图形局限于规则的封闭图形，力争模拟出结构更加多样化且具有突出特点的涡旋阵列，基于此来探究多波干涉的更多性质。

第四章

空间结构光场的拓扑荷值检测

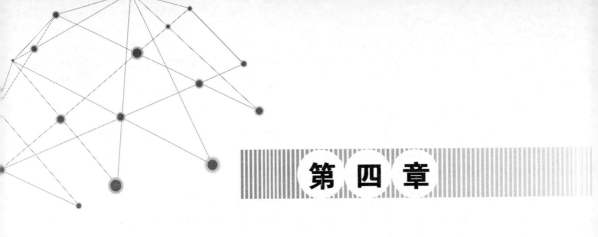

4.1 拉盖尔-高斯光束拓扑荷值的三角孔测量

涡旋光束是一种具有螺旋形相位波前且中心光强为零的光束，其表达式中含有$\exp(\mathrm{i}m\theta)$的相位因子，其中m是涡旋光束的拓扑荷值[137,176]，每个光子携带$m\hbar$的轨道角动量。涡旋光束的轨道角动量在量子信息编码[177,178]、光学扳手[179]、粒子旋转与操纵[64,180]等方面[181–183]具有重要的应用前景，因此，精确测量涡旋光束的拓扑荷值是涡旋光束研究中首先需要解决的科学问题。

从目前研究看，涡旋光束拓扑荷值的测量方法主要分为干涉测量[155,184,185]和衍射测量[186–192]。由于衍射方法光路简单，受到了众多研究者的关注，比较成功的有圆环衍射法[186]、环形椭圆孔衍射法[187]及锥透镜法[188]等，其中一项突出的工作是 2010 年 J. M. Hickmann 发表在《物理评论快报》（Phys.Rev.Lett.）上的三角孔衍射法[189]；该方法测量拓扑荷值的范围为±7[190]；能实现半整数阶的拓扑荷值测量[191]。在衍射测量方法中，目前存在的最大问题是如何提高拓扑荷值的测量范围和测量准确性[184,185,190]。

本节利用三角孔衍射方法测量了典型涡旋光束——拉盖尔-高斯（LG）涡旋光束的拓扑荷值，通过精细调节光路，该法能确定拓扑荷值的大小和方向，拓扑荷值的测量范围扩展到了±9。此外，还研究了涡旋光束亮环尺寸与三角孔大小的匹配关系。

4.1.1　理论基础

拉盖尔－高斯光束作为一种典型的涡旋光束，在自然界中不存在。首先，要生成拉盖尔－高斯涡旋光束，本节采用了基于空间光调制器的计算全息法来生成 LG 光束。

设生成的拉盖尔－高斯光束在三角孔平面（$z=0$）的波场表达式为：

$$\mathrm{LG}_m^p(x_0,y_0)=\exp\left(-\frac{x_0^2+y_0^2}{w_0^2}\right)\cdot\left(\frac{x_0^2+y_0^2}{w_0^2}\right)^{|m|/2}\cdot\exp\left[\mathrm{j}\cdot m\cdot\tan^{-1}\left(y_0/x_0\right)\right] \tag{4-1}$$

其中：p 为径向指数；m 为角向指数（即拓扑荷值）；（x_0，y_0）为三角孔平面内坐标，w_0 为照射在三角孔上的激光束的束腰尺寸。鉴于本节的目的是测量 LG 光束的拓扑荷值，这里令 $p=0$。衍射屏采用边长为 a 的正三角孔，其复振幅透过率函数为

$$t(x_0,y_0)=\begin{cases}1, & \left[-\frac{a}{2}\leqslant x_0\leqslant 0,0\leqslant y_0\leqslant\left(x_0+\frac{a}{2}\right)\cdot\sqrt{3}\right] \\ & \&\left[0\leqslant x_0\leqslant\frac{a}{2},0\leqslant y_0\leqslant\left(\frac{a}{2}-x_0\right)\cdot\sqrt{3}\right] \\ 0, & \text{其他}\end{cases} \tag{4-2}$$

当 LG 涡旋光束照射在三角孔屏上后，在夫琅禾费衍射区（傅里叶频谱面）的复振幅分布为：

$$E(x,y,z)=-\frac{j}{\lambda z}\exp\left[\mathrm{j}k\left(z+\frac{x^2+y^2}{2z}\right)\right]\iint LG_m^0(x_0,y_0)t(x_0,y_0)\exp\left[-\frac{\mathrm{j}k}{z}(xx_0+yy_0)\right]\mathrm{d}x_0\mathrm{d}y_0 \tag{4-3}$$

根据 J. M. Hickmann 的实验结论[189]，通过傅里叶频谱面上的光强分布，即可判定涡旋光束拓扑荷值：即涡旋光束的拓扑荷值等于衍射点阵中最外侧边上点数减去 1。

4.1.2　实验装置

实验光路原理图如图 4－1 所示，He－Ne 激光器（λ=633 nm）产生的基模高斯光束经扩束准直后，入射到写入计算全息图的空间光调制器上，从空

间光调制器出射后，生成 LG 涡旋光束。经可调光阑后选择+1 级涡旋光束，然后使涡旋光束的暗核恰通过正三角孔照射在三角孔屏上。CCD 相机置于透镜的焦平面获得涡旋光束在夫琅禾费区的衍射光强图。

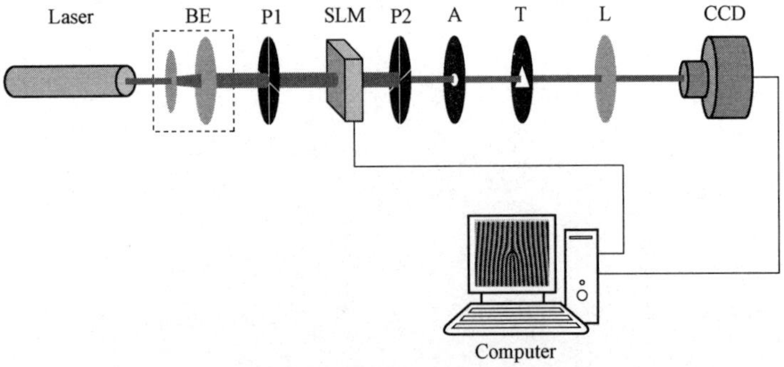

图 4-1　测量涡旋光束拓扑荷值的实验光路图

Laser—激光器；BE—扩束器；P1，P2—偏振片；SLM—空间光调制器；
A—光阑；T—三角孔；L—透镜；CCD—CCD 相机；Computer—计算机

4.1.3　结果与讨论

利用三角孔衍射的方法来测量涡旋光束的拓扑荷值，其中一个关键问题是涡旋光束的亮环要与三角孔的大小不能相差太多。首先，数值模拟和实验研究了涡旋光束亮环半径与拓扑荷值的关系，结果如图 4-2、图 4-3 所示。其中，图 4-2 为数值模拟涡旋光束光强分布随拓扑荷值得变化，由图中可以看出，随着拓扑荷值得增大，LG 光束亮环的直径也随之增大。

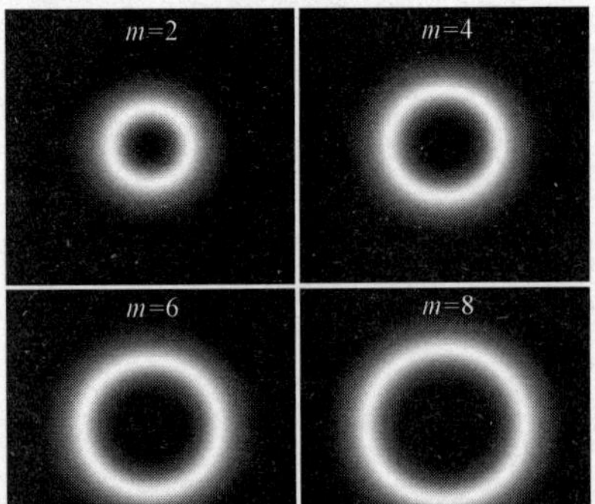

图 4-2　拓扑荷值 m=2，4，6，8 的 LG 光束模拟光强图

实验获得的 LG 涡旋光束光强分布图如图 4–3 所示，可以看出，亮环的直径仍然随涡旋光束拓扑荷值的增大而增大。对实验图像来说，由于寄生干涉和光路的微失谐，导致光强图中圆环有部分干涉背景和变成圆度有所降低。但这对测量拓扑荷值来说，其影响可以忽略不计。

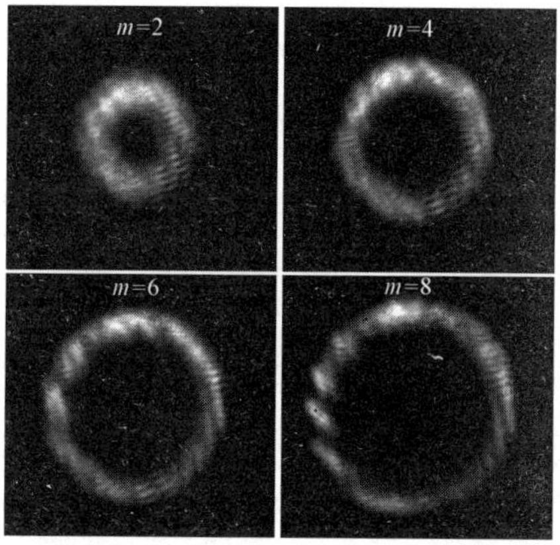

图 4–3　拓扑荷值 m=2，4，6，8 的 LG 光束实验光强图

由于 LG_m^0 涡旋光束的亮环半径随拓扑荷值 m 的增大而增大，因此，在选择三角孔衍射屏时，三角孔的边长 a 也应该随之增大。图 4–4 是数值模拟的拓扑荷值分别为 3 和 –3 的 LG_3^0 和 LG_{-3}^0 的三角孔夫琅禾费衍射光强图，其中右下角插图为三角形的放置方向，边长 a=2 mm。由图 4–4 可以看出，涡旋光束的拓扑荷值的绝对值等于衍射点阵中最外侧边上点数 N 减去 1，即满足关系：$|m| = N - 1$。而拓扑荷值的符号可以通过衍射点阵三角形的方向来判断，负涡旋相对正涡旋顺时针旋转了 90°。

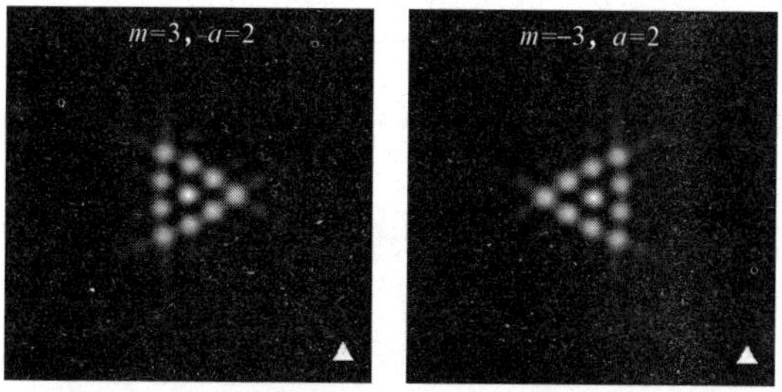

图 4–4　涡旋光束经三角孔后的理论模拟图

为进一步验证该方法的有效性和拓扑荷值的测量范围，研究了拓扑荷值 m=2～9 的涡旋光束的衍射图案，图 4-5 为数值模拟结果。在图 4-5 中，m=2，4 和 m=6，8 的涡旋光束三角形分别采用边长 a=2 mm 和 a=3 mm。

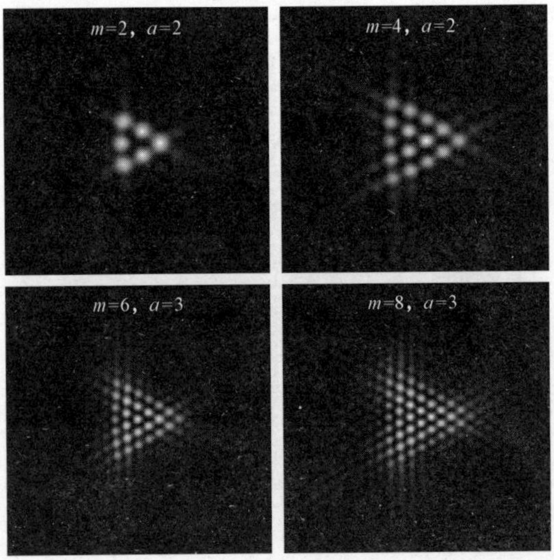

图 4-5　拓扑荷值 m=2，4，6，8 的 LG 光束三角孔衍射模拟光强图

由图 4-5 可以看出，涡旋光束拓扑荷值可以很容易的利用 $|m| = N - 1$ 得出。而对相同大小的三角形孔来说，随着拓扑荷值 m 的增大，衍射三角形点阵的边界逐渐变得模糊，图案亮度有所降低。分析其原因，拓扑荷值越大，涡旋光束亮环越大；在三角形孔不变的情况下，衍射效应越明显，存在的高级次衍射级越多；从而导致衍射图案的光强分布比较分散，三角形衍射点阵的边界开始变得模糊。从这一规律中，可以明确的是：要提高拓扑荷值的测量范围，三角形孔径的大小要随着拓扑荷值的增大而增大。

图 4-6 为拓扑荷值 m=2～9 的涡旋光束的实验衍射光强图，测试条件与模拟条件相同。图中可以看出，实验结果与数值模拟结果符合的较好。在三角衍射点阵中，存在跳点现象，可能采用的三角孔边不够光滑，边缘毛刺导致的刀口衍射所致。而在 CCD 相机拍摄过程中，存在光强饱和现象，因此三角衍射点阵的边界依然较为清晰。

而要在实验中获得更理想的衍射图案，需要制作更理想的三角孔，此外，还需要精细条件三角孔与涡旋光束亮环的相对位置，这是下一步工作的重点内容。

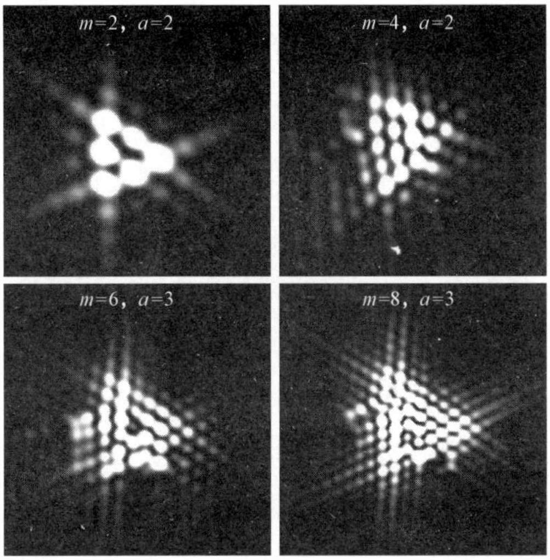

图 4–6　拓扑荷值 m=2，4，6，8 的 LG 光束三角孔衍射实验光强图

利用三角孔衍射方法对 LG 光束的拓扑荷值进行了测量，拓扑荷值的绝对值等于衍射点阵三角形外边上亮点减去 1。拓扑荷值的符号可以通过衍射三角点阵的朝向来判断。此外，在测量过程中，三角孔的尺寸应与 LG 光束的亮环尺寸相匹配。要实现高拓扑荷值得测量，需要增大三角孔的尺寸，并精密调节三角孔与照射涡旋光束的相对位置。

4.2　利用柱面镜对 LG 涡旋光束进行模式变换

涡旋光束是一种波前相位围绕光场中心呈螺旋变化[193–195]，与平面波、球面波波前不同的特殊光场结构，涡旋中心处形成相位奇点[193]，光场形成中空的强度分布。每个涡旋光子具有 $m\hbar$ 的相位因子。独特的物理结构使 LG 涡旋光束在光学囚禁、非线性光学、分子光学以及光学旋转等领域具有广泛的应用[196]。

涡旋光束的拓扑结构对其光场特性以及传输动力学行为有决定性作用[197–200]，另外，在非线性光学领域，为了抑制方位角调制非稳现象，就需要深入研究 LG 涡旋光束的拓扑荷值[201–204]。因此，实现对涡旋光束拓扑结构的研究、测量、调控和转换显的尤为重要。目前主要利用涡旋光束的干涉方法来测量涡旋光束的拓扑荷值。

具有多个奇点的涡旋光束可以演化出多边位错拓扑荷值结构，而多边位错拓扑结构可以演化为螺旋相位结构[205]，同时，在受到各向异性线性或非线性调制时，高阶涡旋光束将退化为多个一阶螺旋拓扑结构[206]，而由光场总相位结构决定的总拓扑荷值不会发生变化。由于柱透镜仅沿一个方向对光束进行调制，本节利用柱透镜对涡旋光束进行调制，变换其拓扑结构。同时通过实验得到经过柱头镜前后平面波与涡旋光束干涉的图样，进行对比观察，得出柱透镜对涡旋光束的调制作用。

4.2.1 LG 涡旋光束与平面波以及球面波的干涉

在近似近轴条件下，在柱坐标下，求解稳态亥姆霍兹方程可得到拉盖尔高斯模式。对于拓扑荷值为 m 的涡旋光学场，其光场表达式[207]为

$$E(r,z)=\sqrt{\frac{2p!p_0}{\pi\left(p+|m|\right)!w^2(z)}}\exp\left[-\frac{r^2}{w^2(z)}\right]\left[\frac{2r^2}{w^2(z)}\right]^{\frac{|j|}{2}}\left\{\mathrm{L}_p^{|m|}\left[\frac{2r^2}{w^2(z)}\right]\right\}\exp(\mathrm{i}m\theta) \tag{4-4}$$

式中 m 和 p 分别表示弧向和径向模式指标，同时 m 表示 LG 涡旋光束的拓扑荷值，p_0 表示激光器功率，$w(z)$ 为 z 处的束腰半径，$\mathrm{L}_p^{|j|}$ 为拉盖尔多项式。由于拉盖尔多项式具有正交归一性，任何光场表达式都可以分解为拉盖尔多项式的表达式，任何光束都可以认为是拉盖尔高斯光束的线性组合，所以拉盖尔高斯光束可以作为研究涡旋光束的代表。

产生涡旋光束的方法有多种，经常使用的有计算全息法[208,209]、模式转换法[210–212]、螺旋相位板法[213]、全息图法等。计算全息法是使用计算机对于入射广播与参考光波干涉的波前、振幅、相位等信息进行仿真模拟，制作成相应全息图。

相对于其他方法，这种方法在可见光波段，较容易产生涡旋光束。同时这种方法由于具有可以控制产生较小噪声的全息图、重复利用率高以及记录不存在现实中的物体图像的特点，相较于传统的光学全息法，记录效果更好。又由于具有灵活、快速以及可控的产生任意大小和拓扑荷值的特点，计算全息法有较宽的适用范围。

利用计算全息法生成涡旋光可分为生成干涉全息图样和使用参考光再现涡旋光两个过程。其中第一步是利用 MATLAB 进行数值模拟形成涡旋光与参考光的干涉叉丝图样，再加载到空间光调制器上。第二步在参考光通过空间

光调制器后，将得到涡旋光，如图 4-7 和图 4-8 分别为数值模拟图和实验结果图。其中，图 4-7 和图 4-8 的（a_1）～（a_5）分别为 $p=0$，$m=1$～5 的 LG 涡旋数值模拟图和实验图；（b_1）～（b_5）分别为 $p=1$，$m=1$～5 的 LG 涡旋光束数值模拟图和实验图；（c_1）～（c_5）分别为 $p=2$，$m=1$～5 的涡旋光束模拟图和实验图。

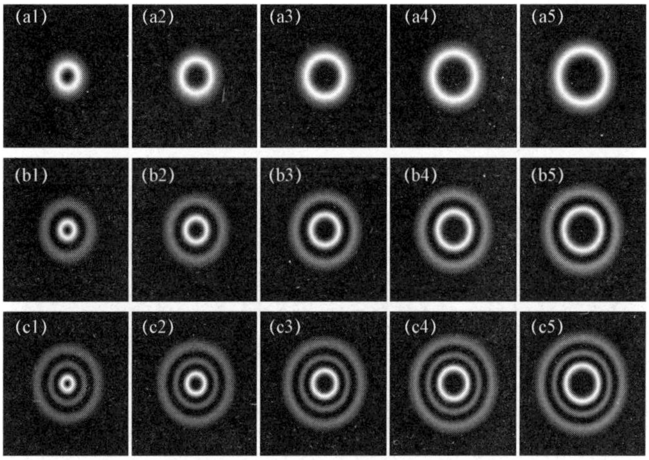

图 4-7　涡旋光束的数值模拟图

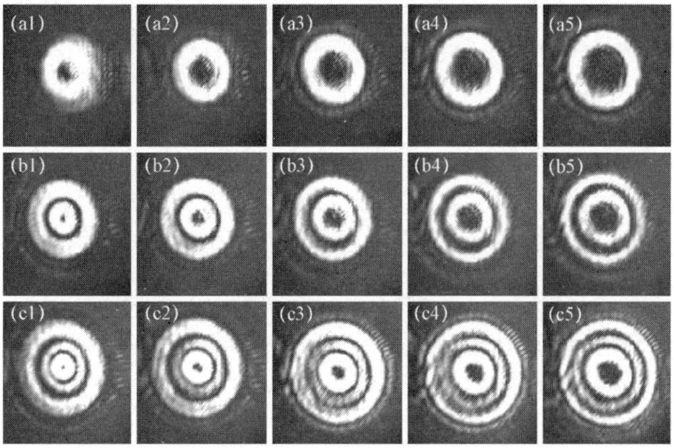

图 4-8　涡旋光束的实验结果图

在第一节中提到，计算全息法生成涡旋光分为制作干涉全息图样和使用参考光再现涡旋光两个过程。其中制作干涉全息图样就是利用了涡旋光束与

平面波的干涉。理想平面波的电场表达式为

$$E_1 = A_1 \exp(-ikz) \tag{4-5}$$

其中，z 表示传播距离，k 表示波数，A_1 表示振幅。涡旋光束的电场表达式为

$$E_2 = A_2 \exp(im\theta) \tag{4-6}$$

其中，m 为拓扑荷值，A_2 为振幅。在 $A_1 = A_2 = A_0$ 的条件下，干涉后的光强分布表达式为

$$I = A_0^2 \left[2 + 2\cos(im\theta - i2kz)\right] \tag{4-7}$$

根据 MATLAB 进行数值模拟，可以得到平面波与不同拓扑荷值的涡旋光束干涉的模拟图，如图 4–9 所示。

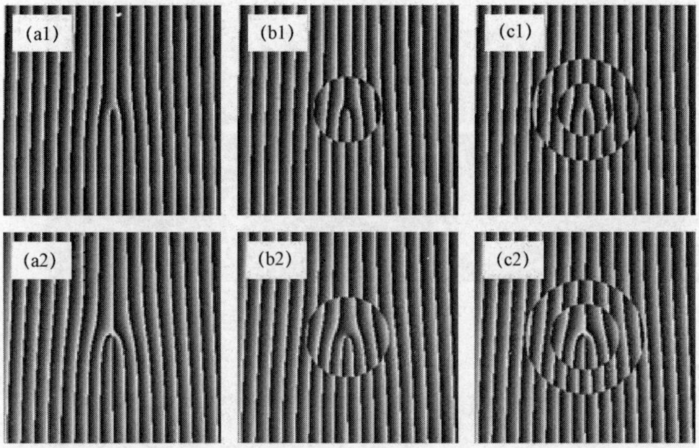

图 4–9　平面波与 LG 涡旋光干涉的数值模拟图

图中，（a1）、（a2）分别为 $p=0$，$m=1$，2 的涡旋光与平面波干涉的数值模拟图；（b1）、（b2）分别为 $p=1$，$m=1$，2 的涡旋光与平面波干涉的数值模拟图；（c1）、（c2）分别为 $p=2$，$m=1$，2 的涡旋光与平面波干涉的数值模拟图。

实验光路原理图如图 4–10 所示。He–Ne 激光器发出的光经衰减器（L）衰减，再经扩束器（BE）扩束，然后由分束镜（D）分成两束，其中一束经过空间光调制器（SLM）后变成涡旋光束，然后依次经过偏振片（P2）和光阑（PF）得到实验所需的涡旋光束；另外一束经过两个反射镜（M1、M2）反射。最后这两束光经分光棱镜（BS）干涉，通过 CCD 相机观察干涉结果。实验干涉图像如图 4–11 所示。

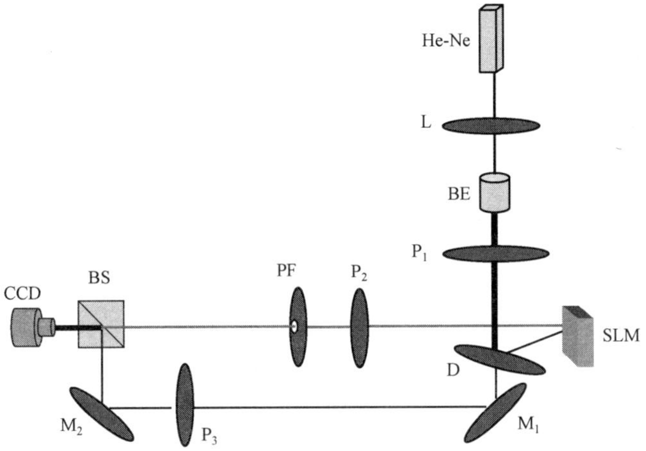

图 4-10 实验光路原理图

L—衰减器；BE—扩束器；P_1、P_2、P_3—偏振片 1、偏振片 2、偏振片 3；SLM—空间光调制器；D—分束镜；M_1、M_2—反射镜 1、反射镜 2；PF—光阑；BS—分光棱镜；CCD—CCD 相机

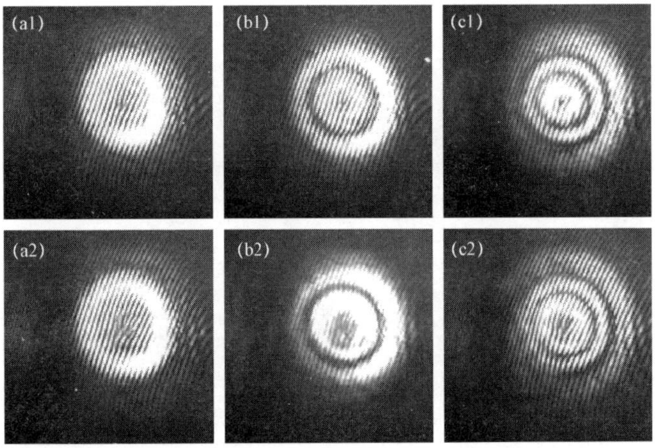

图 4-11 平面波与 LG 涡旋光束干涉的实验结果图

图中，（a1）、（a2）分别为平面波与 $p=0$，$m=1$、2 的涡旋光束干涉的实验结果图；（b1）、（b2）分别为平面波与 $p=1$，$m=1$、2 的涡旋光束干涉的实验结果图；（c1）、（c2）分别为平面波与 $p=2$，$m=1$、2 的涡旋光束干涉的实验结果图。

对比图 4-9 和图 4-11，可以发现，实验结果图与理论模拟图大致相符。同时，对比图 4-11 和图 4-8 的涡旋光束，可以得出结论：涡旋光束有相位奇点，强度分布呈现中空的情况。而在平面波与涡旋光束干涉的图像中，相位奇点处出现向上分叉的情况，而且叉丝数与拓扑荷值一一对应。

理想球面波的电场表达式为：

$$E_3 = A_3 \exp\left[-\mathrm{i}kz\left(1+\frac{x^2}{2z^2}+\frac{y^2}{2z^2}\right)\right] \tag{4-8}$$

其中，z 和 A_3 为常数。由涡旋光束的式（4-5），令 $A_3 = A_2 = A_0$，可得干涉的光强表达式为

$$I = 2A_0^2\left[1+\cos(m\theta + k\frac{x^2+y^2}{2})\right] \tag{4-9}$$

实验光路图如图 4-12 所示。

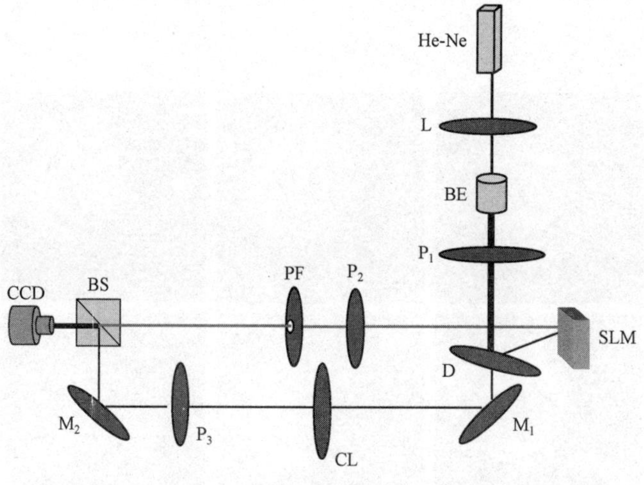

图 4-12　球面波与 LG 涡旋光束干涉实验光路原理图

比起图 4-10，在其中一束光路中，多了一个凸透镜（CL），平面波经凸透镜（CL）后，变为球面波，球面波经反射镜反射后，在分光棱镜（BS）处与另外一束经过空间光调制器（SLM）的涡旋光束汇合，发生干涉，经 CCD 相机观察干涉图像。干涉实验图如图 4-13 所示。

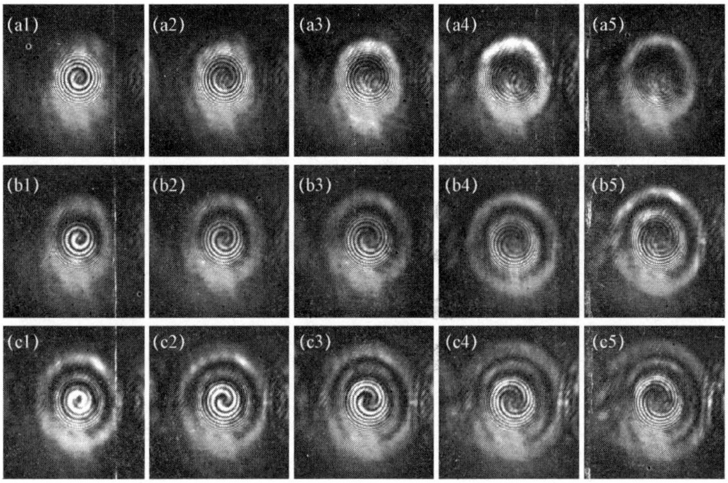

图 4－13　LG 涡旋光束与球面波干涉实验图

图 4－13 中，（a1）～（a5）分别为 $p=0$，$m=1\sim5$ 的 LG 涡旋光束与球面波干涉实验图；（b1）～（b5）分别为 $p=1$，$m=1\sim5$ 的 LG 涡旋光束与球面波干涉实验图；（c1）～（c5）分别为 $p=2$，$m=1\sim5$ 的涡旋光束与球面波干涉实验图。

将图 4－13 与图 4－11 的干涉条纹相比较，可以得出结论：球面波与涡旋光束的干涉结果与平面波与涡旋光束的干涉结果不同，不是明暗相间的直条纹，而是螺旋形明暗相间的条纹。同时，将干涉结果与图 4－8 的涡旋光束相比较，可以得出结论：球面波与 LG 涡旋光束干涉，相位奇点处不是中空的强度分布，而是出现了螺旋环，而且螺旋环嵌套的数目与涡旋光束的拓扑荷值一一对应。

本节简单介绍了 LG 涡旋光束的基本原理，LG 涡旋光束与平面波、球面波干涉的原理和实验现象。由数值模拟和实验结果，介绍了 LG 涡旋光束是一类具有中空强度分布特点的光束；同时介绍了，LG 涡旋光束与球面波、平面波干涉后的图样中，都出现了与涡旋光束拓扑荷值相关的现象，这些现象为研究涡旋光束的拓扑荷值提供了一种方法。另外，对比两者的干涉图，可以发现，平面波与球面波与涡旋光束的干涉图像结果有很大的不同。前者的干涉图样呈现明暗相间的直条纹，而后者则为螺旋状明暗相间的条纹。

4.2.2 LG 涡旋光束的模式变换

此模式变换在 LG 涡旋光束经过单个柱面镜条件下研究。

LG 涡旋光束是在柱坐标系下求解亥姆霍兹方程得到的，那么另外一种模式，厄米–高斯模式，则是在直角坐标系下求解方程得到的。厄米–高斯模式的表达式[214]为

$$\mathrm{HG}_{mn}(a,b,c)=C_{mn}\frac{w_0}{w(c)}\mathrm{H}_m\left[\frac{\sqrt{2}a}{w(c)}\right]\times\mathrm{H}_n\left[\frac{\sqrt{2}b}{w(c)}\right]\exp\left[-\frac{r^2}{w^2(c)}\right]\cdot$$
$$\exp\left\{-\mathrm{i}\left[kc-(1+m+n)\arctan\left(\frac{\lambda c}{\pi w_0^2}\right)\right]\right\}\exp\left[-\mathrm{i}\frac{kr^2}{2R(c)}\right] \tag{4-10}$$

其中，$\mathrm{H}_m\left[\sqrt{2}a/w(z)\right]$ 和 $\mathrm{H}_n\left[\sqrt{2}b/w(z)\right]$ 分别为 m 阶的厄米多项式和 n 阶的厄米多项式，C_{mn} 为归一化常量，（a，b，c）为直角坐标系下的场点位置。$\arctan\left(\lambda c/\pi w_0^2\right)$ 的存在，说明厄米–高斯光束含有古依相移。这种相移使得厄米–高斯光束通过柱头镜后会有一个π的相移。由于柱头镜对光束只沿一个方向进行调制，因此，本实验利用透镜对厄米–高斯光束沿 y 方向进行调制，使光束在 y 方向产生一个π相移，而 x 方向不产生变化。实验光路图如图 4–14 所示。

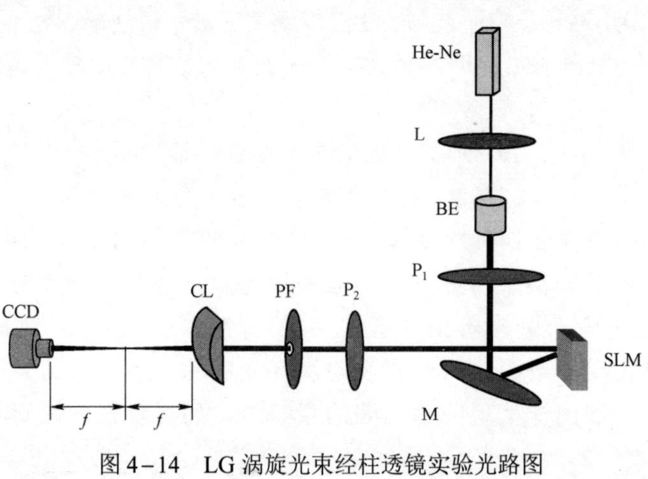

图 4–14　LG 涡旋光束经柱透镜实验光路图

光路图中，经过空间光调制器（SLM）后产生的涡旋光，经由偏振片和光阑后取出，再经过柱透镜 CL 调制，经由 CCD 相机记录观察图像。实验结果图如图 4-15 所示。

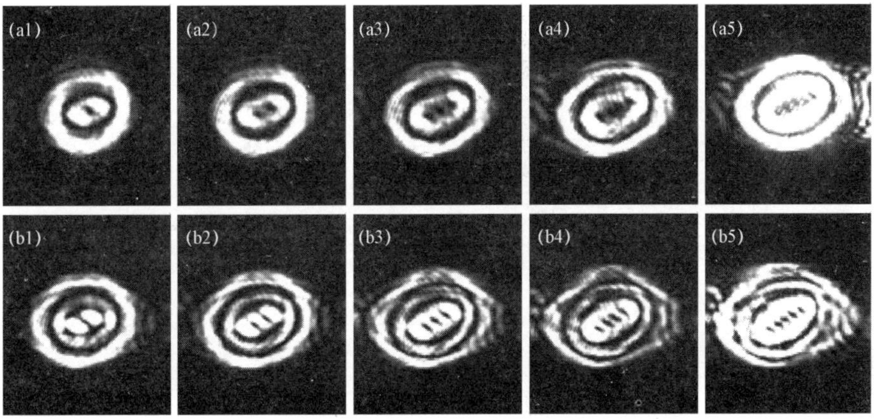

图 4-15　LG 涡旋光束经柱透镜变换实验结果图

图 4-15 中，（a1）～（a5）分别为 $p=0$，$m=1\sim5$ 的 LG 涡旋光束经柱透镜调制的实验图；（b1）～（b5）分别为 $p=1$，$m=1\sim5$ 的 LG 涡旋光束经过柱透镜调制的实验结果图。

与图 4-15 相对比可得结论：LG 涡旋光束在经过柱透镜调制后，光场强度分布呈现为椭圆形，且椭圆形光束的长轴方向与水平轴方向有一个夹角；中心暗核退化为多个一阶拓扑荷值的相互分离的暗核，每个暗核都比涡旋光束的暗核小，且演化出的暗核数目与涡旋光束的拓扑荷值相对应。说明可以通过柱透镜来测量 LG 涡旋光束的拓扑荷值。

为了进一步研究柱透镜对涡旋光束拓扑荷值的调控作用，现将 LG 涡旋光束经柱透镜变换后与平面波发生干涉，实验光路图如图 4-16 所示。

图 4-16 中，通过空间光调制器（SLM）产生的涡旋光束，经过偏振片和光阑取出，再经过柱透镜（CL）（$f=10$ cm）调制，最后经由分光棱镜（BS），与另外一束平面波发生干涉。通过 CCD 相机观察干涉结果。干涉结果如图 4-17 所示。

图 4-17 中，（a_1）～（a_5）分别为 $p=0$，$m=1\sim5$ 的 LG 涡旋光束经柱透镜调制后与平面波干涉的实验图；（b_1）～（b_5）分别为 $p=1$，$m=1\sim5$ 的 LG 涡旋光束经过柱透镜调制后与平面波干涉的实验结果图。与图 4-15

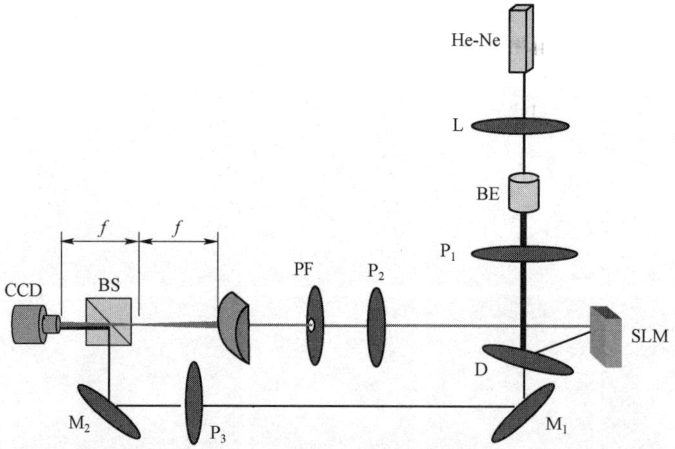

图 4-16　LG 涡旋光束经过柱透镜后与平面波干涉实验光路图

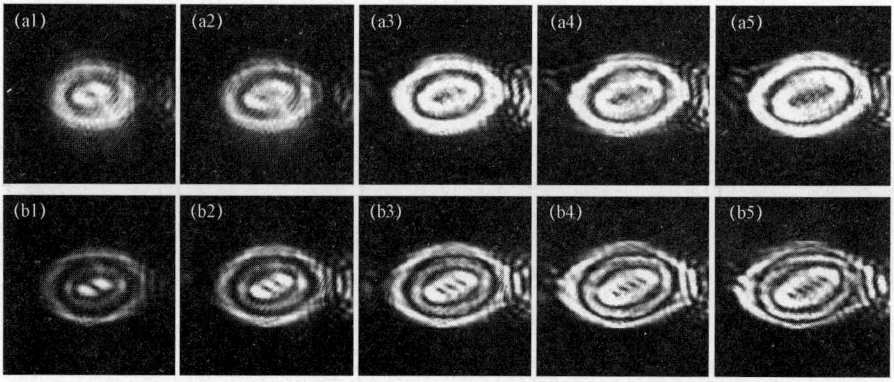

图 4-17　LG 涡旋光束经柱透镜变换后与平面波干涉实验结果图

相比，可以看出：LG 涡旋光束经柱透镜调制后，退化产生的暗核处，均出现了由一条分为两条的向下叉形条纹，且叉丝数目与涡旋光束的拓扑荷值对应，进一步说明了柱透镜对 LG 涡旋光束的调制作用。与图 4-11 相比，得出：图 4-11 中的叉形条纹方向向上，而图 4-17 中的叉形条纹向下，说明 LG 涡旋光束经柱透镜变换后，拓扑荷值符号发生变化。

本节简单介绍了柱透镜对 LG 涡旋光束的调制作用。首先，介绍了 LG 涡旋光束经过单个柱透镜的实验。实验结果显示，涡旋光束经柱透镜变换后，中心暗核会退化为多个分离暗核，且暗核数目与涡旋光束的拓扑荷值对应，为测量涡旋光束的拓扑荷值提供了一种方法。然后，介绍了 LG 涡旋光束经过柱透镜后与平面波发生干涉的实验。由实验结果发现，LG 涡旋光束经柱透镜前后与平面波发生干涉的干涉条纹有方向相反的叉形条纹，说明涡旋光束拓扑荷值符号发生了变化。

4.2.3 小结

本节简单介绍了关于 LG 涡旋光束的拓扑荷值的一些基本原理和实验。首先介绍了 LG 涡旋光束的一些基本原理知识和产生涡旋光束的方法。然后使用计算全息法产生涡旋光束，分别进行 LG 涡旋光束与平面波以及球面波的干涉实验。实验结果发现，LG 涡旋光束与平面波干涉后，产生明暗相间的线形条纹，且有叉形条纹出现，叉形条纹的个数与涡旋光束的拓扑荷值对应。而 LG 涡旋光束与球面波干涉的图样中，产生明暗相间的螺旋形条纹，中间螺旋形条纹嵌套数与涡旋光束的拓扑荷值相对应。这两个实验说明可以使用涡旋光束的干涉来测量其拓扑荷值。

然后，介绍了 LG 涡旋光束通过单个柱面镜的实验以及通过柱面镜后与平面波干涉的实验。前者的实验结果显示，LG 涡旋光束通过柱面镜后，中心暗核退化成多个分离的暗核，且退化成的暗核数与 LG 光束的拓扑荷值对应。后者的实验结果中，出现了多个一阶叉丝，且叉丝数与涡旋光束拓扑荷值对应，而且叉丝的方向发生了变化，说明 LG 涡旋光束通过柱面镜后，拓扑荷值符号发生变化。

柱透镜在对光束的整形作用日益引起人们的关注。目前，有些国内外学者已经研究了两个正交放置的柱透镜对光束的整形效果。因此，接下来可以深入研究两个柱透镜对 LG 涡旋光束的整形。

4.3 涡旋光束拓扑荷值的干涉测量方法研究

涡旋光束是一种具有螺旋形相位波前且中心光强为零的暗中空光束[137]，其表达式中含有 exp（$im\theta$）的相位因子，其中 m 是涡旋光束的拓扑荷值，每个光子携带 $m\hbar$ 的轨道角动量。近年来，涡旋光束在量子信息编码[177,178]、光学扳手、粒子旋转与操纵[64,215]和图像处理[182,183]等方面获得了广泛的应用。而在这些应用中，涡旋光束的拓扑荷值是一个关键参数。因此，如何快速、准确地对拓扑荷值进行测量是该领域研究中首先要解决的问题。

从目前研究来看，涡旋光束拓扑荷值的测量方法主要分为干涉测量[155,184,185]和衍射测量[186–191]两种方法。相比于衍射测量方法来说，干涉测量方法具有拓扑荷值测量范围大、光路调节简便等优点，因而得到了广泛的关注和研究[177,178,216,217]。比较典型的干涉测量方法有：双缝干涉法[216]、多孔干涉法[178]及马赫–曾德尔干涉测量[177,217]等方法。其中，马赫–曾德尔干涉测量方法具有光路布置灵活、测试原理简单等优点，是目前干涉测量方法中的一个研究热点[155,218–220]。

近年来，Liu 等[218]人利用马赫–曾德尔干涉光路结合菱形孔来测量 LG 光束的拓扑荷值，该方法可以测量高阶拓扑荷值，在测量时出现的离轴现象导致干涉图案复杂，部分时候会引起拓扑荷值的误判。在测量分数阶拓扑荷值方面，Shih 等[219]人提出了一种级联马赫–曾德尔干涉光路，该方法可以测量半整数阶拓扑荷值，但级联光路复杂、调节难度很大。因此，该方法目前存在的问题是如何提高拓扑荷值的测量范围和测量精度（其他分数阶拓扑荷值的测量）。针对该问题，近来，本课题组利用改进的马赫–曾德尔干涉光路将拓扑荷值的测量范围提高到了 90[220]，同时还实现了 0.1 阶精度拓扑荷值的测量[155]。但需要在一支光路中插入道威棱镜，这导致了该方法稍显复杂。在多数应用中所需的涡旋光束的拓扑荷值不大的情况下，需要发展一种简便、快速的测量方法。

为此，本节利用平面波/球面波与 LG 涡旋光束的干涉特性，提出了一种基于马赫–曾德尔干涉光路的快速、简便测量方法。该方法能有效、准确地测量涡旋光束的拓扑荷值，而且所需实验元件均为实验室常用光学元件。因此，该方法对于需要快速、准确测量拓扑荷值的光镊及量子光学通信等领域具有重要的意义。

4.3.1 理论基础及分析

拉盖尔–高斯光束作为一种典型的涡旋光束，在自然界中是不存在的。首先，要生成 LG 涡旋光束，本节采用了基于空间光调制器的计算全息法来生成 LG 光束。

拉盖尔–高斯模是在傍轴近似的条件下，亥姆霍兹方程在柱坐标系 (r,θ,z) 中的解，它的复振幅表示为

$$E_l\left(r,\theta,z\right)=\left(-1\right)^p\sqrt{\frac{2p!P_0}{\pi\left(p+|m|\right)!w^2\left(z\right)}}\exp\left[-\frac{r^2}{w^2\left(z\right)}\right]\left[\frac{2r^2}{w^2\left(z\right)}\right]^{\frac{|m|}{2}}\times$$
$$\left\{L_p^{|m|}\left[\frac{2r^2}{w^2\left(z\right)}\right]\right\}\exp\left(-im\theta\right)\exp\left[\frac{-ikr^2z}{2\left(z^2+z_R^{\ 2}\right)}\right]\exp\left[i\left(2p+|m|+1\right)\arctan\left(\frac{z}{z_R}\right)\right]$$
(4–11)

式中，k 是波数；z_R 是瑞利距离；m 和 p 分别表示弧向和径向模式指标，同时 m 表示 LG 涡旋光束的拓扑荷值，P_0 表示激光器功率，$w(z)$ 是传播距离为 z 处光束的截面半径，$L_p^{|m|}$ 为连带拉盖尔多项式。

为了测定 LG 涡旋光束的拓扑荷值，设理想平面波的电场表达式为

$$E_p\left(z\right)=A_p\exp\left(-ikz\right) \tag{4–12}$$

其中，z 表示传播距离，k 表示波数，A_p 表示振幅。

LG 与平面波的干涉条纹光强分布表达式为

$$I_{l-p}=\left|E_l\left(r,\theta,z\right)+E_p(z)\right|^2 \tag{4–13}$$

理想球面波的电场表达式为：

$$E_s\left(x,y,z\right)=A_s\exp\left[-ikz(1+\frac{x^2}{2z^2}+\frac{y^2}{2z^2})\right] \tag{4–14}$$

其中，z 和 A_s 为常数。LG 与球面波的干涉条纹光强表达式为

$$I_{l-s}=\left|E_l\left(r,\theta,z\right)+E_s\left(x,y,z\right)\right|^2 \tag{4–15}$$

4.3.2　实验光路搭建

实验光路原理图如图 4–18 所示。He–Ne 激光器（λ=633 nm）产生的基模高斯光束经衰减器（Attenuator，A）衰减，再经扩束器（Beam Expender，BE）扩束准直，然后由分束镜（Beam Splitter，BS1 和 BS2）分成两束，其中一束光经过由计算机生成的叉形光栅全息图写入的空间光调制器（Spatial Light Modulator，SLM）后变成涡旋光束，然后依次经过偏振片（Polarizer，P1～P3）和光阑（Diaphragm，D）得到实验所需的涡旋光束；另外一束经过两个反射镜（Mirror，M1、M2）反射。图 4–18 中黑色虚线框的是一个凸透镜（Convex Lens，CL），使得平面波经凸透镜（CL）后变为球面波，其在分光棱镜（BS2）处与另外一束经过空间光调制器（SLM）的涡旋光束经分束镜（BS2）干涉，通过 CCD 相机观察干涉结果。

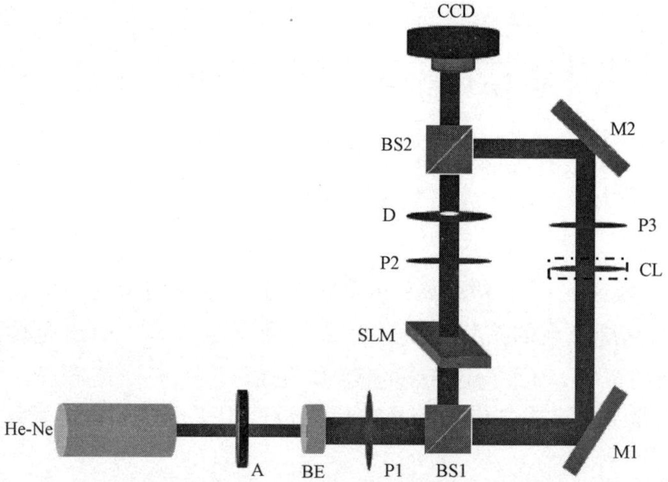

图 4-18 实验光路原理图

A—衰减器；BE—扩束器；P1、P2、P3—偏振片；SLM—空间光调制器；BS1、BS2—分束镜；M1、M2—反射镜；D—光阑；CCD—电荷耦合器件；CL—凸透镜

4.3.3 结果与讨论

采用计算全息法产生涡旋光束，并利用马赫-曾德尔干涉光路检验涡旋光束的拓扑荷值。首先，数值模拟和实验研究了涡旋光束亮环半径与拓扑荷值（m）的关系，以及亮环数与径向指数（p）的关系，结果如图 4-19 所示。图 4-19 中的第一行分别为 $p=0$、$m=1$，$p=1$、$m=3$ 和 $p=2$、$m=5$ 的 LG 涡旋光束数

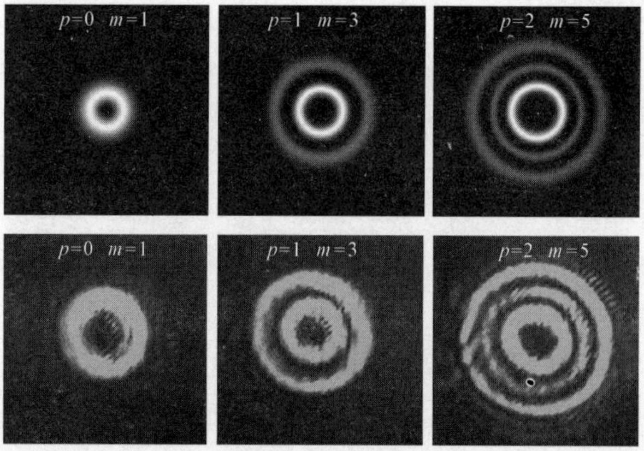

图 4-19 涡旋光束的数值模拟和实验结果图

值模拟图，对应于第二行的 $p=0$、$m=1$，$p=1$、$m=3$ 和 $p=2$、$m=5$ 的 LG 涡旋光束实验图。

由图 4-19 的数值模拟和实验结果图对比可以看出：亮环的直径是随着涡旋光束拓扑荷值的增大而增大，LG 涡旋光束的亮环数等于 $p+1$。对于实验图来说，由于寄生干涉和光路的微失谐，导致光强图中圆环有部分干涉背景且圆环不理想。但对于测量拓扑荷值来说，其影响可以忽略。

LG 光束与平面波干涉的原理图如图 4-18 所示，理论模拟和实验研究了平面波与不同拓扑荷值的涡旋光束的干涉情况，结果如图 4-20 所示。图 4-20 中的第一行分别为 $p=0$、$m=1$，$p=0$、$m=2$ 和 $p=1$、$m=1$ 的 LG 涡旋光束数值模拟图，对应于第二行的 $p=0$、$m=1$，$p=0$、$m=2$ 和 $p=1$、$m=1$ 的 LG 涡旋光束实验图。

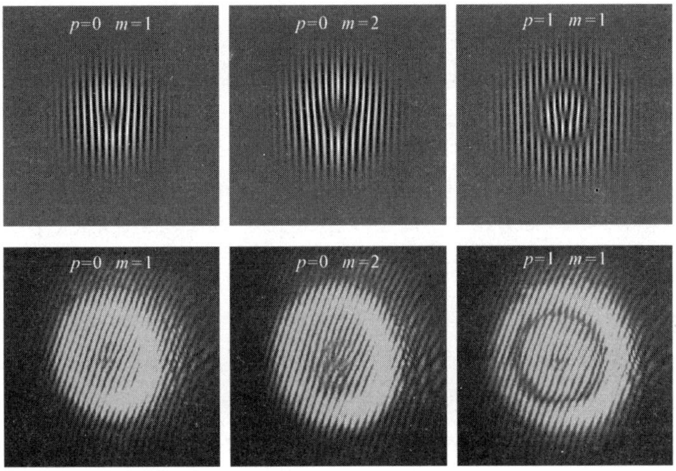

图 4-20　平面波与 LG 涡旋光束干涉的数值模拟和实验结果图

由图 4-20 可以看出，平面波与拉盖尔-高斯（LG）涡旋光束的干涉实验图相比理论模拟图而言，其干涉图明显出现 LG 光束调制现象；分析其原因，主要由于干涉时 LG 光束振幅远大于平面波振幅所致。实验图中的干涉条纹分叉方向相对于模拟图中的分叉方向约顺时针偏转了 30°；原因主要由于干涉光路中平面波相位延迟所致。但这不影响测量涡旋光束的拓扑荷值（m），涡旋光束的拓扑荷值的绝对值等于分叉数目（N），即满足 $m=N$。拓扑荷值的符号可以由叉口方向来确定，负涡旋相对正涡旋顺时针旋转了 180°。

图 4-18 中加的凸透镜（CL）是 LG 光束与球面波干涉的实验，干涉实验

结果如图 4-21 所示。

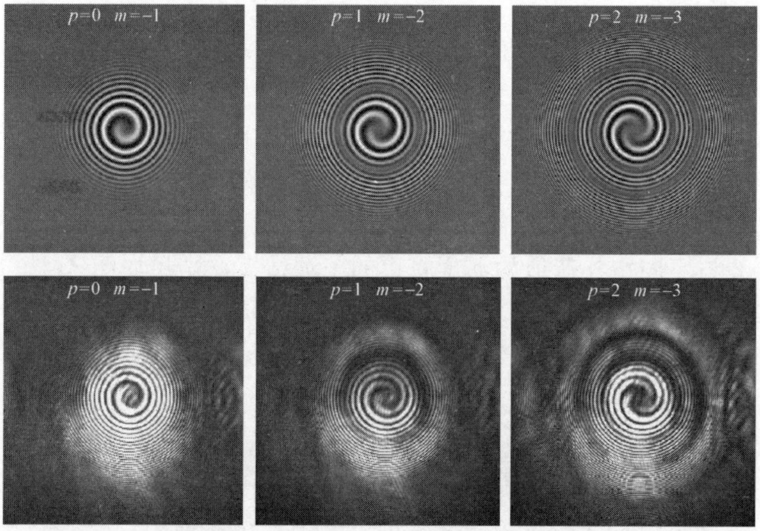

图 4-21 LG 涡旋光束与球面波干涉实验图

图中，第一行分别为 $p=0$、$m=-1$，$p=1$、$m=-2$ 和 $p=2$、$m=-3$ 的 LG 涡旋光束与球面波干涉模拟图；对应于第二行分别为 $p=0$、$m=-1$，$p=1$、$m=-2$ 和 $p=2$、$m=-3$ 的 LG 涡旋光束与球面波干涉实验图。

由图 4-21 中的数值模拟和实验结果图可以得出结论：涡旋光束拓扑荷值的绝对值 $|m|$ 等于螺旋环嵌套的数目 M，即 $m=M$。球面波干涉时，其拓扑荷值正负的变化体现在干涉图中为螺旋线顺时针旋转还是逆时针旋转。

本节基于平面波或球面波与 LG 涡旋光束的干涉特性，提出了一种 LG 涡旋光束拓扑荷值测量的快速、简便方法。通过数值模拟可得，该方法测量拓扑荷值的范围可达 ±10，实验还需要进一步验证。

4.3.4 小结

本节利用干涉法测量了 LG 光束的拓扑荷值，拓扑荷值的绝对值等于平面波干涉的叉丝数目（平面波与涡旋光束干涉图），或等于球面波干涉的螺旋环嵌套数（球面波与涡旋光束干涉图）。拓扑荷值的符号可以通过叉丝的方向或螺旋环旋转的方向来确定。此外，为了进一步提高拓扑荷值的测量范围，还需要对实验光路进行精确调节。

第五章

空间结构光场的力场特性及微粒操纵

5.1 涡旋光束对酵母菌细胞光操纵特性研究

光学捕获与操纵在生命科学[221,222]、天体物理[223]、纳米技术[224–226]等领域[227]有着广泛的应用，成为近年来一大研究热点。早在1970年，Ashkin使用两束等能量激光同时照射电介质微球实现了微球的光学捕获[228]。随后改进工艺，在1986年，Ashkin使用单束激光紧聚焦实现了微粒的捕获，标志着光镊的诞生[229]。因为其是一种对被操纵微粒低损伤的微操纵技术，因此光镊在生物医学领域[230]得到了广泛的应用。但是传统单光束捕获的捕获模式较为单一，难以应对特殊场合及特殊形貌粒子的捕获需求。为此全息光镊逐渐成为了光镊领域的一大研究热点。

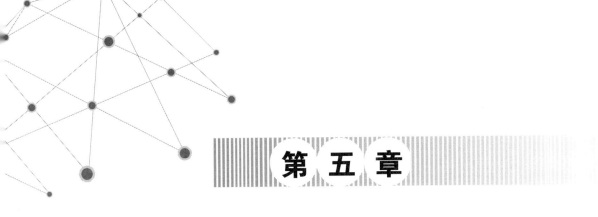

在全息光镊领域中，由于涡旋光束每个光子具有m$\hbar$的轨道角动量[137,231]，为传统光镊技术提供了一个额外的角向自由度，可实现微粒的旋转操纵，被形象地称为光扳手，在分子马达[232]等领域有着广泛的应用。由于微操纵过程受粒子形状、大小、折射率等参数的影响较大，因此使用涡旋光束对不同微粒光操纵的研究具有重要的意义。为此，2015年，郭忠义课题组利用涡旋光束操纵了椭球微粒[233]，并利用时域有限差分法（FDTD）精确计算了光学涡旋镊子对椭球微粒的扭矩。随后，2016年，Kotlyar等人利用涡旋贝塞尔光束对聚苯乙烯微粒进行操控[234]，实验表明，在一定的拓扑电荷条件下，随着贝塞尔光束不对称程度的增加，微粒运动速率呈近似线性增长。进一步拓展被操纵微粒，2018年，蒲继雄课题组利用涡旋光束

实现对微泡的捕获[235]，并研究了涡旋光束拓扑荷值与横向捕获梯度力的关系。但是，将涡旋光束光操纵技术应用于生命科学领域还需要对生物细胞的涡旋光束光操纵技术进行进一步的深入研究。关于该领域，突出的代表性工作是李银妹课题组使用涡旋光束对酵母菌细胞的微操纵技术[236]。该文系统地探究了酵母细胞旋转角速度随激光功率、拓扑荷值等参数的变化关系。但是由于研究关注点不同，其操纵中的力场分布还有待进一步的研究。

为了解决该问题，本节针对涡旋光束对酵母菌细胞的光操纵进行了力场分析，并使用不同拓扑荷值值的涡旋光束对操纵过程进行了实验探究。最后研究了拓扑荷值值对粒子操纵速度的影响。

5.1.1 理论基础及实验光路

涡旋光束是指具有螺旋形波前的光束，其最典型的代表是拉盖尔－高斯光束。其径向指数控制拉盖尔－高斯光束的光环数，角向指数控制着其螺旋等相位面数。简单起见，径向指数为 0 的拉盖尔－高斯光束电场表达式为：

$$u(r,\varphi)=\left(\frac{r}{\omega_0}\right)^{|m|}\times\exp\left(-\frac{r^2}{\omega_0^2}\right)\times\exp(im\varphi) \tag{5-1}$$

其中，$(r,\ \varphi)$ 是极坐标系，ω_0 是涡旋光束的束腰半径，m 是拓扑荷值。涡旋光束的轨道角动量可以表述为[237]：

$$j_z=\varepsilon_0\omega\, m|u|^2 \tag{5-2}$$

其中，ε_0 是真空介电常数，ω 表示圆频率。式（5-2）反映了涡旋光束轨道角动量与光强、拓扑荷值成正比。拓扑荷值 m 的正负反映了轨道角动量的方向，m 为正代表逆时针，m 为负代表顺时针。涡旋光束具有轨道角动量反映了涡旋光束在微操纵时可以给粒子提供一个角向力使其旋转。在旋转过程中，梯度力保证了粒子的稳定捕获，其表达式为[238]：

$$F_{\text{grad}}(r,\varphi)=C\nabla|u|^2 \tag{5-3}$$

其中，C 是一个与粒子大小、折射率有关的常数。式（5-3）反映了光场梯度力与光场能量梯度成正比。因此当光束聚焦到一定程度即可将粒子捕获到光束焦点处。

5.1.2 实验装置

为了产生上述的涡旋光束，设计了如图 5-1 所示的实验装置。波长为 532 nm，功率为 1 W 的激光束（Laserwave Co.，LWGL532）被针孔滤波器和凸透镜 1 扩束整形后得到平面波，经过起偏器调节为偏振光，光束经过分束立方体后，照射到输入有掩模版的空间光调制器（PLUTO-VIS-016，像素尺寸：8 μm×8 μm，分辨率：1 920 pixel×1 080 pixel）上。调制后的光束经过分束立方体和检偏器检偏后，使用凸透镜 2、凸透镜 3 将光束耦合进倒置显微物镜（100×）中对酵母菌细胞进行光操纵。照明光场发出的光经过凸透镜 4 与聚焦物镜对样品台进行照明。所成的像通过二向色镜与凸透镜 5 由 CCD 相机（Basler acA1600-60gc，像素尺寸为 4.5 μm×4.5 μm，分辨率为 1 600 pixel×1 200 pixel）记录。

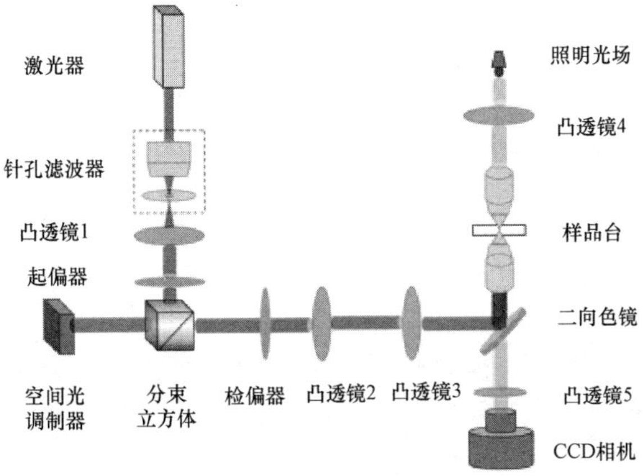

图 5-1　实验装置原理图

5.1.3 结果分析与讨论

基于上述实验装置，拓扑荷值 m 分别取±10、±40 时涡旋光束光强（第一行）及相位图（第二行）如图 5-2 所示。实验得到，较大拓扑荷值的涡旋光束其半径也较大。为了定量分析，取拓扑荷值 1～50 间隔为 1，进行光环半径与拓扑荷值的数据拟合。发现光环半径 R 随拓扑荷值线性增大，其拟合函数为 $R=20m+195$，相关系数为 0.998 9。从（a2）～（d2）的相位图可以看出，涡旋光束角向相位周期数等于拓扑荷值。其原因在于拓扑荷值代表三维空间交织在一起的螺旋形波前数，因此其光束横截面表现出周期相位分布。当拓扑荷值为负数时，其光强分布与拓扑荷值为正的情况相同，相位变化方向相反，图 5-2 后两行所示。从微操纵角度考虑，光场光强分布反映着梯度力场的分布，相位反映着轨道角动量的分布。下面以一个直观的角度对光场梯度力及轨道角动量进行研究。

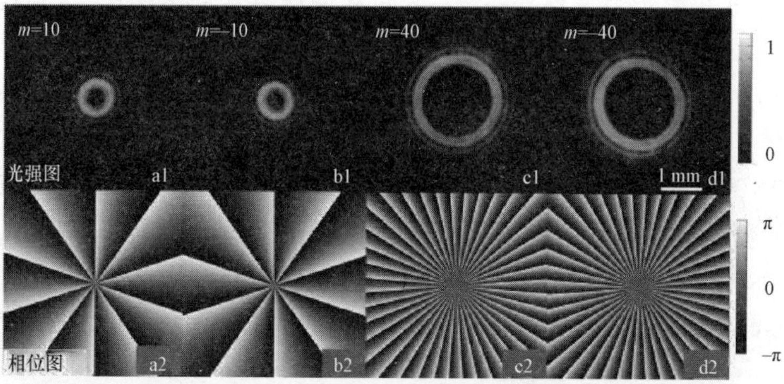

图 5-2 （a1）～（d1）不同拓扑荷值 *m* 的涡旋光束光强图；
（a2）～（d2）不同拓扑荷值 *m* 的涡旋光束相位图

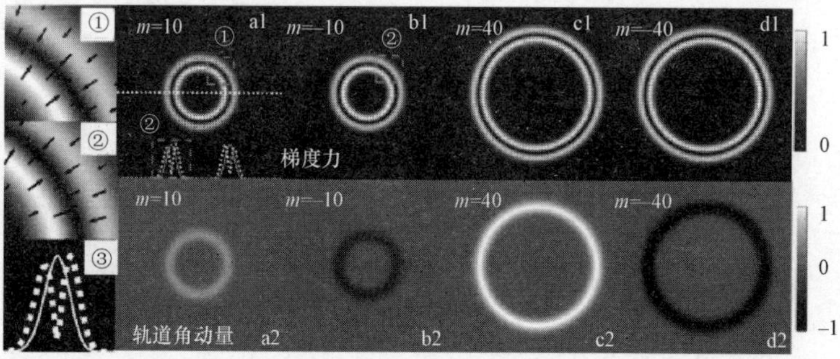

图 5-3 （a1）～（d1）不同拓扑荷值 *m* 的涡旋光束梯度力分布图；
（a2）～（d2）不同拓扑荷值 *m* 的涡旋光束轨道角动量分布图

上述参数的涡旋光场梯度力场及轨道角动量分布图如图 5-3 所示。第一行（a1）～（d1）为梯度力场，灰度背景为梯度力大小，箭头为梯度力方向。从图中可以看出，拓扑荷值的正负不影响梯度力大小。由式（5-3）知，梯度力与光强梯度成正比，因此不受拓扑荷值正负的影响。为了便于观察，将图 5-3（a1）白色方框①的梯度力场放大 4.5 倍展示在（a1）左侧子图①上。从中可以看出梯度力沿径向指向力场暗环。图 a1 下方曲线为图片中间白色直线处的光强（实线标注）与梯度力（虚线标注）分布。曲线左侧峰值放大图如子图③所示。该图证明了力场暗环即为光强峰值。图 5-3 第二行为光场轨道角动量分布，颜色代表轨道角动量大小与方向，拓扑荷值为正值代表逆时针旋转。图中可以看出，轨道角动量的大小随拓扑荷值递增，方向由拓扑荷值正负调控（拓扑荷值为正，轨道角动量为逆时针）。上述力场分析可知，使用涡旋光束进行微粒操纵时，梯度力确保微粒被束缚在光环上，轨道角动量确保微粒的旋转操纵。

下文以拓扑荷值 m=40 的涡旋光束为例，探究了涡旋光束对酵母菌细胞的光操纵特性，图 5-4 所示。具有黑色光晕的白色亮斑是实验中所用的酵母菌细胞，白色虚线标注的是拓扑荷值为 40 的涡旋光束，白色箭头指向按时间顺序排布。图中可以看出，初始时刻酵母菌被捕获在涡旋光束左上位置。随着时间增加，酵母菌顺时针旋转。由于光路搭建的实际情况造成光镊实验观察面是顺着光路观察，与涡旋光束的生成实验观察面相反，因此，观察到酵母菌细胞旋转方向与上述论述中轨道角动量方向相反。如果统一观察面，其旋转方向符合上述理论分析。

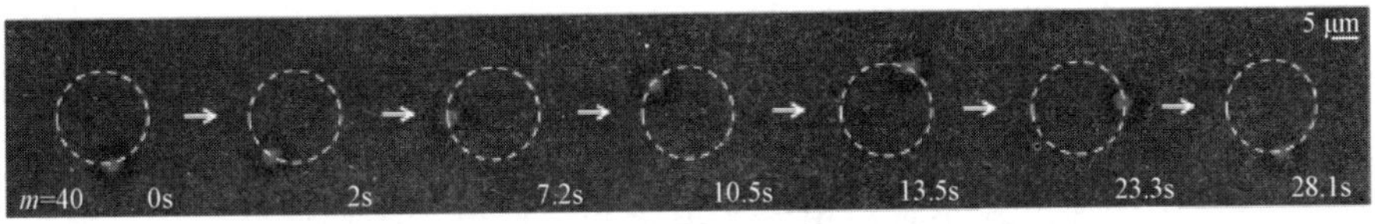

图 5-4　拓扑荷值 m=40 的涡旋光束操纵酵母菌细胞旋转

为了进一步探究操纵过程中涡旋光束对操纵实验的影响，探究了不同拓扑荷值的涡旋光束对酵母菌细胞的光操纵，操纵酵母菌旋转 2 圈计算得到平均速度与拓扑荷值的关系如图 5-5 所示。整体来看，随着拓扑荷值的增加，酵母菌细胞移动平均速度增大。其原因是因为拓扑荷值与轨道角动量成正比，更大的拓扑荷值可以提供更大的力矩。然而实验中发现，当 m=40 时，其平均速度反而减小。为了探究其原因，下面探究了布朗运动瞬时速度的变化。由于微粒被捕获后布朗运动会发生变化，为此基于径向与角向运动的正交性，寻迹微粒的径向位置并计算得到其径向速度近似的表述了微粒捕获后的布朗运动瞬时速度。发现其平均布朗运动瞬时速度达到 0.9 μm/s，达到了 m=40 时微粒平均速度的 30%，证明布朗运动是实验中捕获速度反常的潜在影响因素之一。此外样品试液的粘滞力、试液流动、样品台的震动等因素在光力较小、微操纵速度较慢的时候，对实验结果均有影响。但是随着平均速度增加，数据会逐渐趋近于线性。$m\in$［45，60］时，线性拟合相关系数可高达 0.901 5。

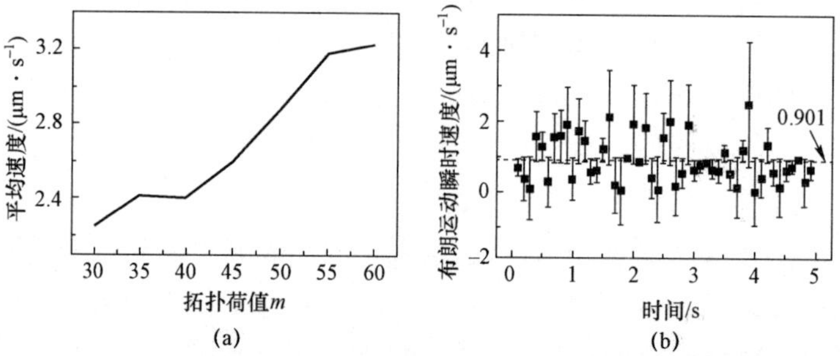

图 5-5 （a）不同拓扑荷值涡旋光束操纵同一酵母菌细胞的平均速度关系图；（b）布朗运动瞬时速度

本节从力场分析与实验探究的角度研究了涡旋光束对酵母菌细胞的光操纵特性。发现，梯度力确保了酵母菌细胞被稳定捕获到涡旋光束光环上，轨道角动量促使了酵母菌细胞的旋转。增大拓扑荷值，由于涡旋光束光环半径增加，使得梯度力环也同步的变大；轨道角动量环在变大的同时，其数值也在增加。此外，改变拓扑荷值的符号，梯度力不变，轨道角动量方向相反。使用涡旋光束操纵酵母菌发现，酵母菌细胞旋转的平均速度与拓扑荷值成正比，但是当平均速度较小时，由于环境影响，使得其平均速度与拓扑荷值不再为正比关系，而是非线性的分布。该研究为涡旋光束对生物细胞的操纵有指导意义。

5.2 基于完美涡旋阵列光束的光镊设计

光具有波粒二象性，所以光照射在物体上是会产生力的，不过由于自然光源和普通人造光源光强较弱，所以对于光产生的力的研究一直非常少。最早期的光产生的力的应用应该就是太阳帆了[239]，由于太空中几乎没有阻力，太阳帆利用反射产生的动量在太空中可以为飞船提供源源不断的动力。现在太阳帆已经作为一种切实可用的太空动力被应用到宇宙飞船上。不过这只是光压力的一种应用，光作为自然界中特殊的存在它的应用当然不止于此。不过由于技术条件限制在 20 世纪 70 年代之前，光产生的力的作用几乎没有其他的任何应用。

直到激光器的发明给这方面研究提供了一种稳定可用的光源。从 20 世纪 70 年代初起，光子所产生的力被证明能操纵微小粒子，Arthur Ashkin 自激光发明以来就致力于光学微操纵领域的研究，他将光辐压力分解为梯度力和散射力，最终在 1986 年成功发明的光镊[240]，被誉为“光镊之父”，之后光镊所带来的应用也因此诞生：原子冷却和光阱捕获。其中朱棣文等人的原子冷却技术获得了 1997 年的诺贝尔物理学奖。Eric A. Cornell 等人成功在铷原子蒸汽中首次直接观测到波色–爱因斯坦凝聚态，获得了 2001 年诺贝尔物理学奖。这两个研究都以光镊的研究为基础。

后来人们注意到光镊既然可以获得纳米级的空间分辨率，皮牛级的力分辨率和毫米级的时间分辨率，那它一定非常适合从单细胞到单分子级别的生物过程研究，所以光镊是微操纵领域里的一种非常新颖，具有很大可研究空间的一种操作手段，相比于传统的操纵方式，它具备许多方法所不具备的优势和优点。至今为止，光镊的研究已经日趋深入，研究方向也从单一普通光束转向阵列特殊光束[241–245]。所以本节进行基于涡旋阵列光束的光镊设计，涡旋光束是具有螺旋相位波前的特殊光束，具有 OAM，这也是得涡旋光束不仅仅能实现对微粒的捕获，转移等操作，它还能够让微粒进行旋转，进行“扳手”的操作，这可以大大地拓展光镊在生物等多方面交叉学科中的应用。所以涡旋光束的光镊设计对光镊在未来的发展非常重要。

5.2.1　完美涡旋阵列的实验产生及力场分析

Poynting 在 1909 年，发现了偏振光具有角动量（旋转的角动量），这一性质与圆偏振有关，对于单个光子，它的值为$\pm\hbar$。光的轨道角动量的概念在很久之后才出现：在 1992 年，Allen 所在的荷兰莱顿大学的一个小组发现带有方位相 $\exp(-\mathrm{i}m\varphi)$ 光束具有一个独立于偏振态的角动量[246]。其中角 φ 是光束横截面上的方位坐标，可以取正或者负的任何整数值，他们预计，这个轨道角动量每个光子将具有 $m\hbar$。就像圆偏振光一样，轨道角动量的符号表示它对光束方向的偏手性。

对于任意给定的 m，光束具有相应于 m 数量的缠绕在一起的螺旋相位波前，具有螺旋相位的光束具有一个特点就是，光轴上的相位奇点决定轴上的光强为 0 的位置。因此，所有的这些光束的横截面相位模式都有一个环形的特征，无论光束的聚焦程度如何，都是如此。至于产生涡旋的方法有许多，这里只举两类最常见的方法加以说明和分析，分别是螺旋相位板[247]和全息法[248]。

螺旋相位板（Spiral Phase Plate，SPP）是由折射率为 n 的材料制成的透明板，它的厚度与绕相位板中心的方位角 θ 成正比。两端的表面结构是平面和螺旋。螺旋表面类似于一个旋转的梯子，梯子高度为 h。当一束光垂直入射螺旋相位板时，由于其折射率相同但厚度不同，则通过不同部分的光的光程也不同，其引起的相位改变量也不同，所以透射光在经过螺旋相位板是将会产生螺旋相位波前。螺旋相位示意图如图 5－6 所示。

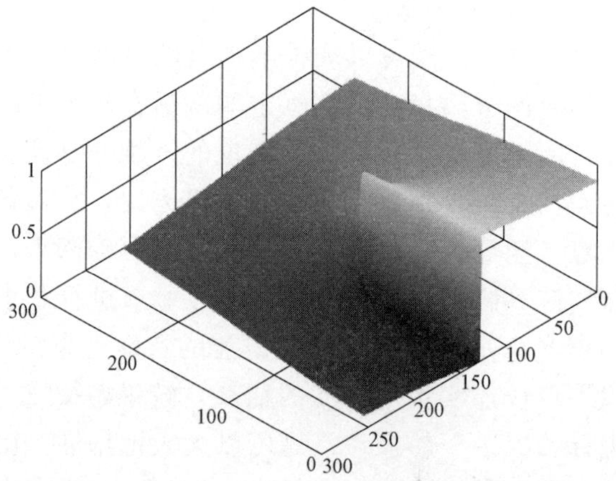

图 5－6　螺旋相位示意图

全息方法可以利用最近出现的高质量的空间光调节器（SLM），这些像素化的液晶设备取代了照相胶片。此外，数值计算的全息模式可以显示在 SLM 上。这些设备产生可重新配置的、计算机控制的全息图，使简单的激光束可以转换成具有几乎任何理想的相位和振幅结构的奇异光束。而光束模式可以每秒改变很多次，以满足实验要求。全息图可以产生一束带有螺旋相位的光束，且每个光子的轨道角动量为 $m\hbar$ 。适当的全息图可以用计算的方法计算出来，也可以从期望的波束性质和平面波之间的干涉图样中产生，由此产生的全息图案就像一个衍射光栅，但它在光束轴上有一个分叉的错位（本节展示的是三个叉）。当全息图被平面波照射时，一阶衍射光束就有了所需的螺旋相位波前，近年来，SLM 已被应用于各种各样的应用，如自适应光学、实时全息摄影和光镊。

两种方法相比：螺旋相位板由于是用特定材料定制，所以其产生的相位不存在像素化的现象，分布比较均匀。SLM 则会由于是像素化的掩模版，其产生的相位分布也会存在像素化的现象。但是螺旋相位板的优点同时也是缺点，它需要定制，一种螺旋相位板只能产生一种光束，而且造价昂贵。在这方面 SLM 则优秀许多，它由于编码灵活，几乎可以产生任何不同相位，振幅的光束，所以本节主要采用 SLM 进行光调制。

涡旋光束有一个明显的缺点就是它的光束半径会随着拓扑电荷值的增大而增大，而其轨道角动量的大小也是随着拓扑电荷值的增大而增大。这就使得涡旋光束的轨道角动量很难控制，如果能量增强，光斑也会扩大，给涡旋光束的应用带来许多困难。所以 Andrey S. Ostrovsky 等在 2013 年提出完美涡旋的概念，即一种光束半径不随其拓扑荷值增大而增大的涡旋光束[146]，并利用独特的掩模版实现了这种完美涡旋光束的生成。之后经过很多课题组专家的努力，完美涡旋光束的生成及调控方法被大大拓展[249,250]，日趋成熟。

本次实验中其生成方法大致为：运用涡旋光束照射锥透镜产生贝塞尔－高斯光束；之后通过透镜对贝塞尔高斯光束作傅里叶变换，就可以在其焦平面上的到完美涡旋光束。

环半径为 R 的完美涡旋光束的复振幅分布为：

$$E(r,\theta)=\mathrm{j}^{m-1}\frac{\omega_g}{\omega_0}\exp(\mathrm{j}m\theta)\exp[-(r^2+R^2)/\omega_0^2]I_m(2Rr/\omega_0^2) \qquad (5-4)$$

其环宽度为 $2\omega_0$ 设采用的锥透镜的复振幅透射率函数为：

$$t(r)=\begin{cases}\exp[-\mathrm{j}k(n-1)r\alpha], r\leqslant R_0\\ 0, r>R_0\end{cases} \qquad (5-5)$$

其中 α 是单位为弧度的锥透镜的锥角大小，R_0 为锥透镜半径，n 为锥透镜折射率。将锥透镜的复振幅透射率函数与涡旋光束螺旋相位函数相乘后与平面波光场干涉得到本次产生完美涡旋所用的相位掩模版。其产生过程如图 5－7 所示。将其写入 SLM 之后用平行光照射 SLM 衍射得到贝塞尔－高斯光束。之后经过傅里叶透镜变换后成为远场光束，并在透镜焦平面上产生完美涡旋光束。虽然这种完美涡旋光束不能用拓扑荷值来控制它的半径，但是通过改变锥透镜角来改变其半径大小。

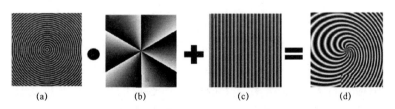

图 5－7 相位掩模版生成过程

在生成阵列方面，由于在生成完美涡旋光束的过程中，有一个傅里叶变换的过程，所以利用了傅里叶变换的平移性质：若 $\mathscr{F}[f(x, y)]=F(\xi, \eta)$，且 x_0，y_0 是实常数，则有：

$$\mathscr{F}\{f(x-x_0,y-y_0)\}=\exp\{-\mathrm{j}2\pi(\xi x_0+\eta y_0)\}F(\xi,\eta) \tag{5-6}$$

所以利用此性质，为 SLM 平面附加相移因子，从而产生所需要的，不同的完美涡旋阵列。

图 5-8 为产生完美涡旋光束阵列的装置示意图，激光器（laser）产生的光经过扩束镜（beam expander）进行扩束之后，经过一个透镜（lens1），将扩束后的光束变为平行光束。平行光束再经过小孔光阑（aperture）进行滤光，再经过一个偏振片（polarizer）之后被分束立方体（beam cube）反射至空间光调制器（SLM），SLM 衍射再现出的贝塞尔-高斯光束经过透镜（lens2）作傅里叶变换后被位于透镜焦点出的 CCD 相机记录。注意由于透镜为作傅里叶变换所用，所以 SLM 到达透镜的距离应当等于相机到达透镜的距离。本次实验所采用的激光器为 LWGL532-100 mW。CCD 相机为 Basler acAl600-60gc 型彩色相机，像素尺寸为 4.5 μm×4.5 μm，分辨率为 1 600 pixel×1 200 pixel。SLM 型号为 HED 6010 xxx（德国 HOLOEYE PLUTO 空间光调制器），像素尺寸为 8.0 μm×8.0 μm，填充因子为 87%～93%。

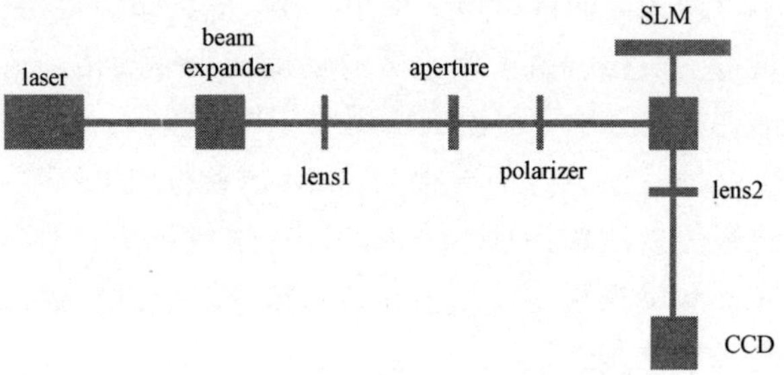

图 5-8　产生完美涡旋光束装置示意图

图 5-9 为实验生成的完美涡旋阵列图，其中从左至右，从上至下，拓扑荷值一次为 2、6、6、7、3、8（由随机函数生成没有特殊意义）。其锥角为 0.03×π/180。值得注意的是，实验的到的图片和理论模拟的图片左右相反，在实验中应当注意，本次实验生成图片所选取的傅里叶变换透镜焦距为 250 mm。从实验图片也可以看出来其实完美涡旋的半径并不是不变，随着拓扑荷值的增大，其半径还是有所增大，不过经过计算，这种方法生成的完美

涡旋光束阵列半径的在拓扑荷值 1 至 10，最大相对误差也是小于 0.54%的，所以在本次实验中几乎可以忽略。

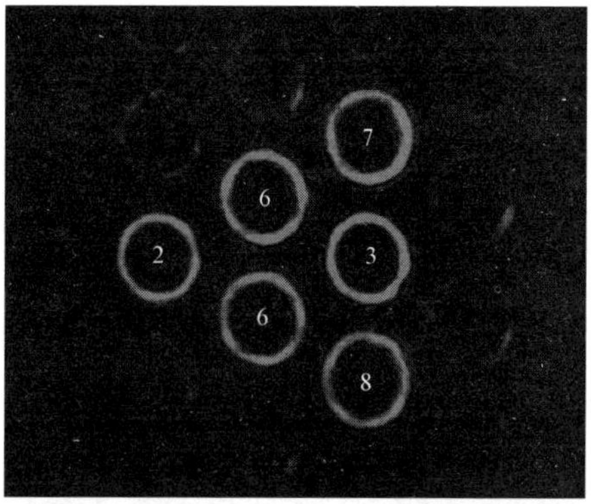

图 5-9　实验产生完美涡旋光束阵列图片

5.2.2　完美涡旋光束的力场分析

众所周知，从光到粒子的传输会在这个过程中产生一种光学力。粒子上的光学力可以被分为两部分：带着粒子向平衡中心靠拢的梯度力 $\vec{F}^{\text{grad}}$，它与梯度的强度成比例。通过把粒子推离焦平面使势阱不稳定的辐射力 $\vec{F}^{\text{radi}}$，与波印廷矢量场的轨道部分成比例[251,252]。因此，对瑞利粒子施加的光学力可以表示为[253]：

$$\vec{F}^{\text{grad}}=\frac{1}{4}\text{Re}\,(\alpha)\nabla|\vec{E}|^2, \tag{5-7}$$

$$\vec{F}^{\text{radi}}=\frac{\overline{\omega}}{\varepsilon_0}\text{Im}(\alpha)\vec{P}_{orb}, \tag{5-8}$$

其中，$\vec{E}$ 为其复振幅分布；ε_0 是真空介电常数；$\overline{\omega}=kc$ 是光的圆频率；$k=2\pi n_1/\lambda$ 是波数，λ 是波长；c 是光在真空中的速度；轨道线动量 $\vec{P}_{\text{ord}}$ 与粒子上的水平力成正比；α 为复杂的极化率可以表示为：

$$\alpha=\frac{\alpha_0}{1-\text{i}\alpha_0k^3/(6\pi\varepsilon_0)},\alpha_0=4\pi\varepsilon_0a^3\frac{n_2^2/n_1^2-1}{n_2^2/n_1^2+2} \tag{5-9}$$

这里 a 是球形粒子的半径，n_2 和 n_1 分别是粒子的折射率和粒子周围的介质的折射率[254]。

图 5–10（a）所示为本次实验生成完美涡旋光束模拟图，图 5–10（b）为本次实验所需生成光束的光强分布图。其中选取拓扑荷值为–1 的一个光学涡旋进行观察，可以发现其光强分布指向其中心暗环。这也是完美涡旋光束能够捕捉粒子的关键所在，光强指向中心暗环，梯度力自然也就指向光环中心，当光束照射粒子时，粒子就能被梯度力捕捉。公式中复振幅模的平方即光强，其直接影响了梯度力的大小，捕获粒子的力也来源于光强分布，所以光强越强梯度力也就越大，转化至仪器参数则主要根据激光功率为主要参考。

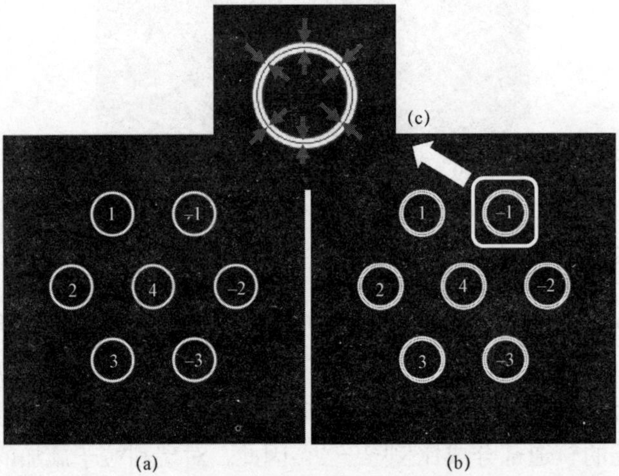

图 5–10　完美涡旋光束的光强分布

图 5–11 为模拟生成的完美涡旋光束及其 OAM 及其能流示意图，图（a）为 OAM 示意图，每个圆环中心的数值为该圆环的拓扑荷值。图（b）为能流示意图，图（c）为截取的拓扑荷值为–1 的圆环放大图。实线箭头方向即为能流方向，由图可见，当拓扑荷值为正时，能流方向为逆时针方向，当拓扑荷值为负时，能流方向为顺时针方向，水平方向的力主要来自于此。因此这个水平力可以被认为是涡旋力，当忽视布朗运动时带着粒子在聚焦面的光轴上旋转可见，虽然拓扑荷值不同但是圆环大小几乎相同，从其 OAM 分布也可以看出拓扑荷值越大，其 OAM 越大，所以在操纵粒子时，水平方向上的力主要靠调拓扑荷值来进行控制。

值得注意的是，总力主要来源于梯度力，因为在紧聚焦的情况下水平力的大小与梯度力相比是微不足道的。

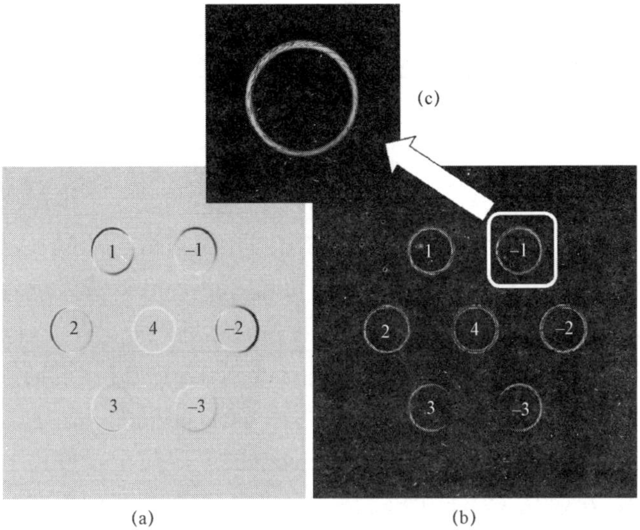

图 5-11 模拟生成完美涡旋阵列光束 OAM 示意图

本节讲述了涡旋光束，完美涡旋光束及完美涡旋光束阵列的生成方法，设计了实验装置，并对完美涡旋光束阵列进行了实验产生，之后对完美涡旋光束阵列的梯度力，OAM 和能流进行了分析，得出完美涡旋光束能操纵微粒的原因。本节的工作主要是为了接下来所要进行的实验进行理论补全，提供理论基础，为接下来的装置设计，微粒操纵打下基础。

5.2.3 微粒操纵实验设计

在每个光学镊子的核心是显微镜的物镜[255]。它创造了一个紧聚焦焦点，来形成一个稳定的光阱，紧聚焦意味着入射光的很大一部分来自于大角度，这样散射力就会被梯度力所克服。光的最大的入射角 θ_{max} 是由物镜用来聚焦激光光束的数值孔径（NA）决定的，这是一种可靠的测量方法，它可以表示物镜聚焦光的能力，被定义为 $NA=n\times\sin\theta_{max}$，其中 n 是浸液介质的折射率（即显微物镜和样本之间的介质），θ_{max} 是二分之一孔径角。

想要增强光阱所施加的最大的力，可以通过增加激光功率，优化激光焦点的质量和被俘获粒子的激光折射率等来实现，其中激光功率的增加是有一定极限的。针对通常的生物材料，如果激光能量过大，会导致被操纵的物体产生过高的热量，容易对材料造成光损伤。并且很多光学器件如空间光调制器（SLM），相机等都是有一定的承受极限的，过大的激光功率也会对这些光电器件产生不好的影响。在本实验中我们采用的是水浸酵母菌进行实验，所以被俘获粒子的折射率也是固定的，不容易改变。因此，在实验设计和实验过程中必须注意优化捕获激光焦点的质量。包括给予整体装置更大的可操作空间等方法，基于此对本次实验的光器件进行了整体设计。

如图 5-12 所示，此为光镊装置的示意图，激光器（laser）的光被反射镜（mirror1）之后被扩束镜（beam expander）扩束，通过一个偏振片（ploarizer）之后被分束立方体（beam cube）折射至空间光调制器（SLM），之后 SLM 衍射出来的光通过分数立方体，经由小孔光阑（aperture）滤去杂光，再经过一个凸透镜（lens1）进行傅里叶变换将其转换成远场光束。在经过透镜（lens2）反射至反射镜（mirror2），到达显微物镜（objective1）进行紧聚焦，聚焦至载玻片上的酵母菌上再由透镜（lens3）反射回 CCD 相机中。而背景光源（light）的光透过透镜（lens3）被显微物镜（objective2）聚焦至载玻片上。经由反射镜（mirror2），反射至 CCD 相机上，从而在电脑上观测到载玻片上的情况。由于激光光源为绿光，所以本实验所用背景光源为红光。

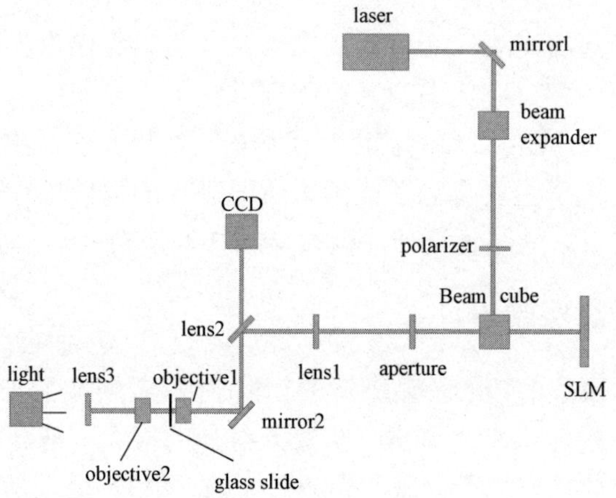

图 5-12　光镊结构示意图

光镊实物图如图 5-13 所示。由于采用的是笼式结构，所以整体外观与原理结构图有所差别，不过整体光路思路并无差别。本次光镊实验所用激光器为 LWGL532-100 mW，TEM_{00} 模。CCD 相机为 Basler acAl600-60gc 型彩色相机，像素尺寸为 4.5 μm×4.5 μm，分辨率为 1 600 pixel×1 200 pixel。SLM 型号为 HED 6010 xxx（德国 HOLOEYE PLUTO 空间光调制器），像素尺寸为 8.0 μm×8 μm，填充因子为 90%；照明光源为 LED 光源，红光 620±10 nm；显微物镜准备有 25×和 40×等不同规格，数值孔径也有 0.6 或 0.4 等。而载玻片由精密平移台控制，在进行光操纵时也尽量是调精密平移台来控制载波片移动。

图 5-13　光镊仪器实物图

光镊操纵对象主要为小球或者类球类微粒。上文中也曾提到，只有当梯度力大于散射力的时候才能稳定的操控粒子，不然不能达到完美的禁锢效果，同时介质的黏度也会影响光操纵和施力的大小。在选择实验操纵对象时需要具有针对性和适应性。

本节实验中主要的操纵对象为球形形态的酵母菌微粒，酵母菌是一种单核细胞真菌。细胞直径约为 2～6 μm，长度一般为 5～30 μm，纯净水是光镊实验常用的介质，在生物实验中，几乎所有的生物缓冲液都和光镊技术有很好的相容性。在正常的实验操作中，酵母菌浸入水中的情况下，不论是折射率，形状还是介质黏度都能达到本次实验操纵微粒的标准。而且酵母菌获取难度低，非常容易买到，降低了实验成本。当然，为了保证能够成功操纵，酵母菌溶液必须保证浓度相当，所以本次所有实验中所使用的溶液均为 5×10^{-6} g/mL，可保证物镜视野中有适量的酵母菌可供选择。同时在称量酵母菌微粒时采用了小数点后四位精度的电子秤，确保溶液浓度处于可操作区间。

图 5-14 所示为显微镜下的酵母菌，由于在水溶液中浸泡，所以酵母菌分布不仅有水平方向上的位置差异，也有垂直方向上的位置差异。图中黑色椭圆线标出的为在当前焦平面上的酵母菌，灰色椭圆线标注出的为不在焦平面上的酵母菌。由于在相同物镜下，其聚焦出的光焦点是固定位置的。所以一般情况下，在实验中都是先确定焦平面，再寻找在焦平面上的酵母进行实验。当溶液的浓度过大时会出现同屏出现的酵母菌过多，操纵对比不够明显等状况。当溶液浓度过低时，焦平面酵母菌较少，对实验造成困难。同时应注意酵母菌溶液搅拌时间，图 5-14 中白色圆圈所标出的为黏在一起的酵母菌，如果溶液搅拌不够，就会导致溶液中大部分都是酵母菌团，非常不利于实验操纵。

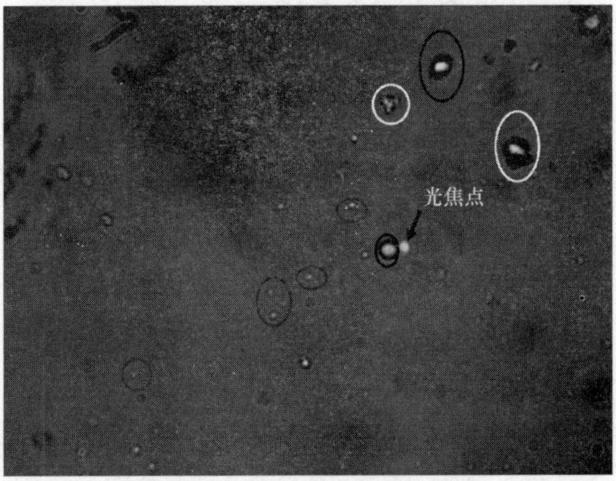

图 5-14　显微镜下的酵母菌

5.2.4　高斯光束对酵母菌细胞的光学操纵

图 5-15 为操纵酵母菌微粒的图片，图（d）为找到的在聚焦面上的酵母菌，图（a）为捕捉之后的样子，之后对其进行移动，分别是向上的图（c）和向左的图（b）。因为本次实验用的为 TEM_{00} 模的高斯光束，不需要 SLM 进行光调制，为了防止 SLM 反射和调制时导致的光损失，所以在这次实验中用一个反射镜代替了 SLM 进行微粒操纵。

在实验过程中发现一些在实验的时候应当注意的注意事项。首先在光照射粒子时不宜过快的开始操作，因为光的焦点不可能完美的和酵母菌微粒在同一平面上，所以应当作适时等待，等待光完全捕获粒子。其次在移动载玻片的时候，不能移动过快，移动过快会导致粒子逃脱。从黏度的概念可以知道物体在介质中移动速度越快，所遇到的阻力也就越大，所以在实验操纵时应当注意在转动精密移动台的旋钮时应当缓慢移动，当然这点特性也使得光镊可以测量微小的力，不过在此不做详细说明。

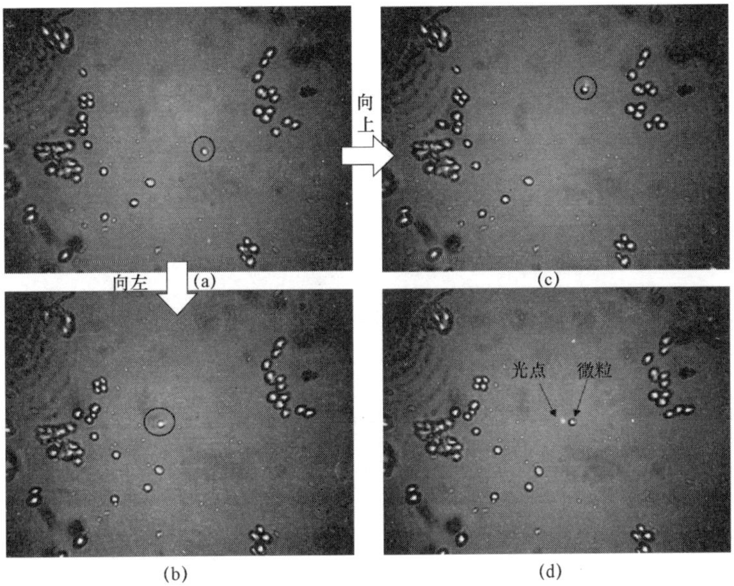

图 5－15　中（a）为找到的孤立酵母菌，将光束聚焦在上进行捕捉；（b）捕捉完成后移动光束牵引酵母菌向左做移动；（c）牵引酵母菌向上移动；（d）此为光束焦点与酵母菌分开时的图片

光镊的工作原理是利用物体对光的折射而不是吸收，即光与物体之间的动量传递引起的光的力学效应。众所周知，光具有粒子的特性，所以光线具有动量。当光照射到物体上时，由于折射的原因，会引起光束的动量变化，并且以一种相反的作用力的形式表现出来。同时，光与微粒在相互作用的同时也会产生散射力，它会使微粒偏离光束中心，当梯度力和散射力平衡时，才能实现对微粒的稳定捕获[256]。接下来对高斯光束捕获酵母菌微粒进行了模型受力分析，以揭示其中力的关系。

如图 5－16 所示，当微粒的折射率大于周围介质的折射率时，其中 d_b 和 d_a 是光动量变化，F_a 和 F_b 是光动量改变引起的力的方向。曲线为光强分布。白色空心箭头表示合力方向。可见当物体不在光束中心时，由于光强分布为中心点最大，四周为减弱趋向，所以动量 d_b 是大于 d_a 的。对其进行受力分析（力用虚箭头位移并分解）可得合力的方向是指向光强比较强的地方，即激光中心。由此形成水平方向上的梯度力。

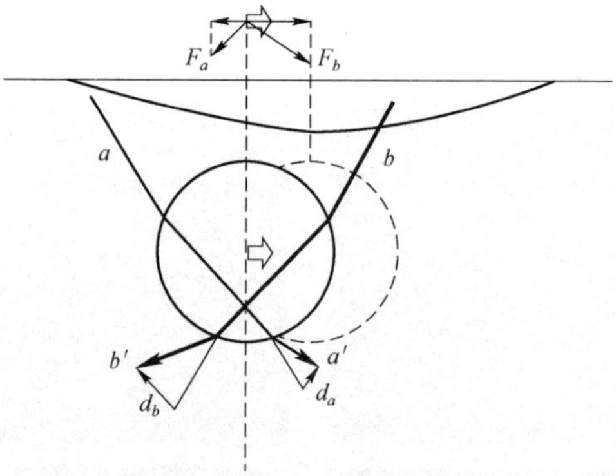

图 5-16　粒子在水平方向上的梯度力分析，其中 d_b 和 d_a 是光动量变化，F_a 和 F_b 是光动量改变引起的力的方向（曲线为光强分布）

接着对处在光束中心的小球进行分析，如图 5-17 所示，此时物体在激光光束中间但并不在其焦点处，所以与水平方向梯度力同理，此时光束会产生把微粒向上抬的梯度力。

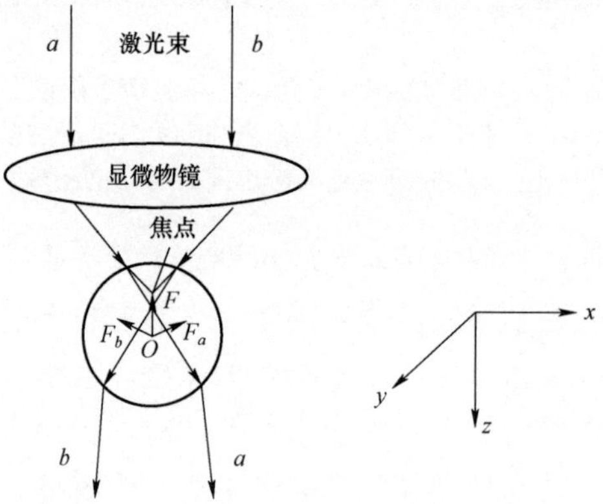

图 5-17　粒子在竖直方向上的梯度力分析，F_a 和 F_b 是光动量改变引起的力的方向。

综上所述只有当满足微粒的折射率大于周围介质的折射率；激光光强足够；梯度力和散射力平衡等条件时，才能成功捕获微粒。所以本设计采用浸入水中的酵母菌，并且在调节时尽量使激光焦点尽量与酵母菌处在同一平面上，以满足以上要求。

5.2.5　完美涡旋光束阵列对酵母菌细胞的微粒操纵

根据上述实验依据和原理首先进行了涡旋光束生成，并试图去捕获粒子，生成的涡旋阵列图如图 5-18 所示。遗憾的是在实验中并没有成功捕获粒子。之后进行了参数的分析，以研究问题的原因。

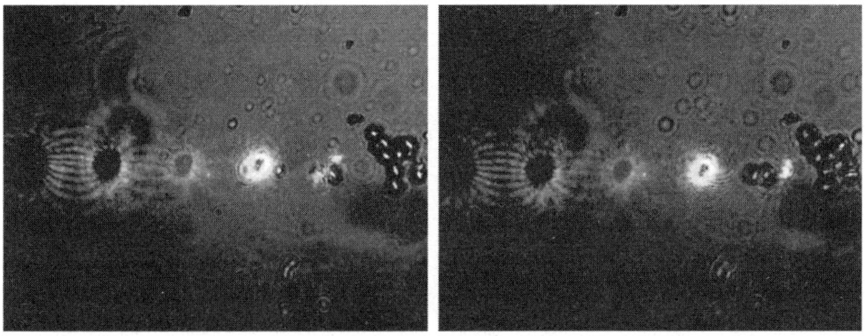

图 5-18　实验生成涡旋光束

在查阅文献后发现，用涡旋光束操纵微粒在激光进入显微物镜聚焦前其最小能量为 170 mW，为了留出余地，采用 200 mW 为最低限制进行计算。本次所用激光器为 LWGL532-100 mW，TEM_{00} 模，光斑大小为 2 mm。由于所用 SLM 为 15.35 mm×8.64 mm，且光斑为圆斑，所以需要扩束至 8.64 mm。同样的光强扩束之后，单位面积内光强会减弱。而且分束立方体在折射反射过程中也会导致激光减弱。若设每次经过分束立方体衰减为原本的二分之一（实际衰减数值会高于二分之一）。则激光器扩束后功率要达到 800 mW，经过计算激光器最小功率应该为 3.456 W。而本次实验中所用激光器仅仅为 100 mW，虽然在单高斯光束下可以进行微粒操纵，但是对于涡旋光束还远远达不到实验标准。

所以在之后的实验中可以考虑对其参数的重新搭配。由于需要扩束的原因，在选择激光器时不仅需要注意功率，还要注意其束腰半径，即光斑大小。而且分束立方体对激光的衰减能力很强，在实验装置设计时也需要考虑。

本节主要进行了光镊的装置设计和组装，之后进行溶液配比，在这里计算出了适合的溶液浓度，演示了如何分辨显微镜下的酵母菌，以及实验中如何判断酵母菌和光焦点在一个平面等一些实验方法和技巧。之后实验成功使用 TEM_{00} 模高斯光束进行了对酵母菌的操纵，并分析了高斯光束成功操纵的原因，对酵母菌进行模型受力分析。最后生成了涡旋光束阵列并试图进行操作，虽然没有成功，但是进行了参数的重新分析，为以后的工作打下基础。

5.2.6 小结

本节从原理上探讨了涡旋光束，完美涡旋光束和基于相移技术的完美涡旋光束阵列的生成方法，并对其进行了模拟生成以及实验产生。为了进行光镊设计，又对完美涡旋阵列梯度力场，能流及 OAM 进行分析，从理论上论证了光镊的可行性。之后对实验装置进行了设计和组装，搭建了光镊实验平台，并对操纵对象的选择进行探讨和分析，最终选定酵母菌细胞为操纵对象，并对其进行了溶液配制。在实验中用 TEM_{00} 模高斯光束对酵母菌微粒进行了操纵，并对操纵过程中遇到的问题及细节进行了讨论和研究。最后试图使用涡旋光束进行微粒操纵，虽然没有成功，但是对现象结果进行分析讨论。并对光镊的各项参数进行重新计算。为以后的光镊研究打下铺垫。

在本节实验中遇到的主要问题分为两个方面：首先是光强问题，由于初始激光强度仅为 100 mW，又经由分束立方体的两次衰减，导致激光强度不够，梯度力不足无法捕获和操纵粒子。其次是仪器的组装问题，本次实验所采用的光路为笼式系统。虽然具有占用空间小，仪器水平易调节等优势，但同时也具备调节范围窄，大部分器件不能自由移动等缺点。而本次实验最大的问题是 SLM 的摆放问题，由于笼式系统的关系，SLM 这种必须与电脑连接的仪器的固定成了很大的问题。

所以本实验还存在很大的改进空间。在仪器方面，比如增大激光器功率；选用数值孔径更大的显微物镜，都是增大梯度力的方法。在装置组装摆放方面，可以改变光路系统的结构，将分束立方体摘去；改变 SLM 的摆放方法，不再加入到笼式系统内，而是独立于系统之外，以便有更大的调节空间等。这些都是将来在光镊方面应当研究并改进的问题。

5.3 非对称完美涡旋对酵母菌细胞微操纵技术研究

涡旋光束是一种具有螺旋形波前且中心场强为零的光束[257]，其中平均每个光子携带的轨道角动量（OAM）为 $m\hbar$（m 为拓扑荷值，$\hbar$为约化普朗克常量）。基于此，涡旋光束在粒子的旋转和操纵[258]、自由空间光通信[101,259]、光纤通信[260–263]、量子信息编码[264]、光学测量和存储[265–267]等众多方面都具有广泛的应用。

然而，高阶涡旋光束具有较大的半径和环宽，这极大地限制了它在光纤耦合和波分复用中的应用。因此 2013 年，Ostrovsky 课题组提出了完美涡旋光束的概念[146]。即半径独立于拓扑电荷的涡旋光束，实验过程中通常使用计算全息技术编码相位全息图。这其中，为了提高完美涡旋光束的可控性，2015 年提出了一种混合编码螺旋相位与数字锥透镜生成完美涡旋的方法[102]。在线实时控制完美涡旋的半径可以通过调节锥透镜参数来实现。

随着完美涡旋的发展，其模式的单一性成为了其广泛应用面临的首要问题。为此，2017 年，A. A. Kovaev 课题组[128]打破了完美涡旋的对称性，提出了非对称完美涡旋的概念。随后，本课题组进一步提出了完美涡旋模式自由变换技术[268]，实现了多缺口非对称完美涡旋及缺口在椭圆上的自由移动。2019 年，为了提高传统单光束光镊的捕获范围，本课题组又提出了一种镜像对称完美涡旋光束[95]。这些非对称完美涡旋光场的提出极大地丰富了完美涡旋的模式分布，然而关于其应用的研究相对滞后。为此，本节针对非对称完美涡旋光场开展其在微操纵领域的应用研究。

从 20 世纪 70 年代起，Ashkin 和他的同事率先将激光应用于微观和原子系统的操纵。随后，Ashkin 等人在 1986 年的工作[269]开创了光镊领域。

在普通光镊中，紧聚焦的高斯光束会产生一个明亮的焦点，在这个焦点处电场达到最大值。由于光镊主要作用于悬浮在流体介质中的粒子，而流体介质的黏度可以抑制任何振荡，因此光镊的动态稳定性得到了保证。

为了扩展光镊的应用领域，1995 年 Rubinsztien－Dunlop 和他的同事们用叉状衍射光栅生成了涡旋光束并实现了其对粒子的操纵[270]。得出结论：导致粒子光诱导旋转的因素是 OAM。该实验首次证实了光的 OAM 可以与机械系统耦合，标志着“光学扳手”的提出。完美涡旋光场的提出解决了涡旋光束半径随着拓扑荷值的增大而增大的问题，实现了操纵过程中轨道角动量的定制[271,272]。非对称完美涡旋模式的提出，也丰富了光学微操纵领域的操纵模式，具有重要的研究价值。

5.3.1　非对称完美涡旋光场模式的生成

本节使用坐标拉伸法生成非对称完美涡旋光束[98]，基于坐标变换 $lx=\rho\cos(\varphi)$ 和 $y=\rho\sin(\varphi)$，其中 l 是拉伸系数，实现椭圆贝塞尔－高斯光束的生成，其表达式为：

$$F(\rho,\varphi)=\mathrm{J}_m(K_\rho\rho)\exp(\mathrm{i}m\varphi)\exp\left(-\frac{\rho^2}{w_g^2}\right) \tag{5-10}$$

其中(ρ, φ)为极坐标系，m 是椭圆涡旋的整数拓扑荷值，$\mathrm{J}_m(x)$是贝塞尔函数，w_g代表瑞利长度。对式（5-10）进行傅里叶变换。为了简化计算，在远场建立坐标系 $u=r\cos(\theta)$ 和 $lv=r\sin(\theta)$。基于此，可以得到远场光场的复振幅，其表达式为：

$$E(r,\theta)=\frac{\omega_g \mathrm{i}^{m-1}}{\omega_0}\exp(\mathrm{i}m\theta)\exp\left(-\frac{(r-R)^2}{\omega_l^2}\right),\ \omega_l=l\omega_0 \tag{5-11}$$

其中，ω_0是光束在傅里叶平面上的束腰半径。从式（5-11）中可以看到当ω_l足够小时，式（5-11）的第二个 e 指数近似为狄拉克函数，其相当于光场分布为一个固定大小的椭圆，椭圆大小与拓扑荷值无关。

随后，为了确定非对称完美涡旋光束的位置，取 $u=r\cos(\theta)$ 和 $lv=r\sin(\theta)$ 的平方和得：

$$\frac{u^2}{r^2}+\frac{v^2}{r^2/l^2}=1 \tag{5-12}$$

该表达式表示一组椭圆，对于 $0<l<1$，椭圆离心率 $e=\mathrm{sqrt}(1-l^2)$，对于 $l>1$，$e=\mathrm{sqrt}(1-1/l^2)$。当 $r=R$ 时，式（5-12）为非对称完美涡旋光束的位置表达式。

基于上述理论，搭建了非对称完美涡旋的实验生成系统，其装置原理图如图 5-19 所示。由激光器发出的光束经扩束器扩束、光阑 A1 整形和偏振片 P1 起偏后照射在分束立方体上，分束立方体反射的光照射在写入相位掩模版的空间光调制器（SLM）上，在 SLM 的衍射空间经另一偏振片 P2 检偏后再现了椭圆贝塞尔-高斯光束。接着椭圆贝塞尔-高斯光束经过透镜 L 进行了傅里叶变换，最后经光阑 A2 滤光后产生非对称完美涡旋光束，CCD 相机位于透镜的焦平面处，用来记录生成的非对称完美涡旋光束。实验中采用了连续波固体激光器（型号：LWGL532-100 mW-SLM，北京镭志威光电技术有限公司），其功率为 50 mW，波长为 532 nm。实验中使用的 CCD 相机的型号为 Basler acA1600-60 gc 型彩色相机，其分辨率为 1600 pixel×1200 pixel，像素尺寸为 4.5 μm×4.5 μm。SLM 的型号为 HOLOEYE PLUTO-VIS-016，其填充因子为 90%，像素尺寸为 8 μm×8 μm。

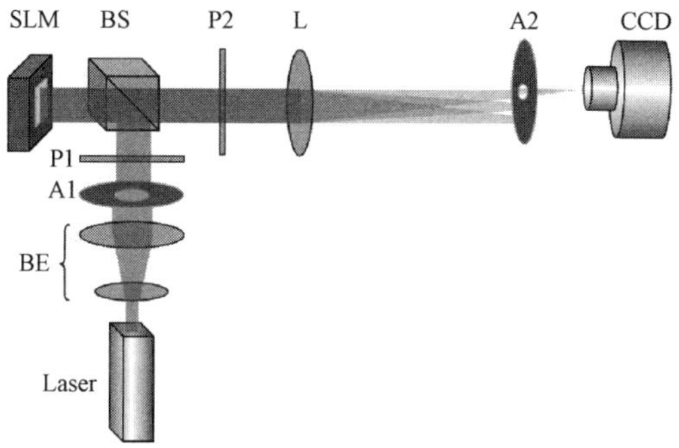

图 5-19 实验装置原理图

BE—扩束系统；P1、P2—偏振片；SLM—空间光调制器；BS—分束立方体；
L—透镜；A1、A2—光阑；CCD—电荷耦合元件

从上述实验装置可以看出，激光束经过扩束器和光阑 A1 之后，变成近似平面光束，不满足式（5-10）中的椭圆高斯分布。为了克服这一问题，在编码掩模版时引入了一个椭圆光阑，并与相位掩模版相乘，得到近似的椭圆光束。此外，为了增加非对称完美涡旋光束的可调性，使用一个拉伸的椭圆锥透镜近似的代替贝塞尔函数。其中相位掩模版的表达式为：

$$t(\rho, \varphi) = \mathrm{circ}(\rho)\exp\left[\mathrm{i}k(n-1)\delta\rho + \mathrm{i}m\varphi + \frac{\mathrm{i}2\pi\rho\cos\varphi}{lD}\right] \qquad (5-13)$$

其中 circ（·）为圆域函数，δ和 n 分别是锥面的锥角和折射率。D 是闪耀光栅的周期。

非对称完美涡旋的相位掩模版生成过程如图 5-20 所示。图 5-20（a）为经过拉伸后的椭圆螺旋相位，与在椭圆坐标（ρ, φ）中生成的锥透镜相位图 5-20（b）相加用以近似生成椭圆贝塞尔-高斯光束。随后，再与闪耀光栅图 5-20（c）相加，其作用是将±1 级与 0 级在空间分离。然后用椭圆光阑与掩模版相乘用以将入射光裁剪为椭圆形如图 5-20（d）。为了减少杂光，保持成像质量，形成的椭圆相位掩模版周围区域设计为“棋盘图案”，如图 5-20（f）所示。则图 5-20（e）即为所生成的相位掩模版。

图 5-21 为实验生成的非对称完美涡旋光束。为了保证生成模式的准确性，当 $l=1$ 时，上述光路应按照 e～0.2 的标准进行校准，此时生成的完美涡旋光束的光强图是一个明亮圆环。拓扑荷值取 $m=1$ 与 $m=10$，通过调控拉伸系数 l，可以使完美涡旋光束从圆转换为椭圆。当 $0<l<1$ 时，圆沿水平方向被挤压为一个椭圆，离心率随着拉伸系数 l 的减小而增大；相反地，当 $l>1$ 时，圆沿水平方向被拉伸为一个椭圆，离心率随着拉伸系数 m 的增大而增大。

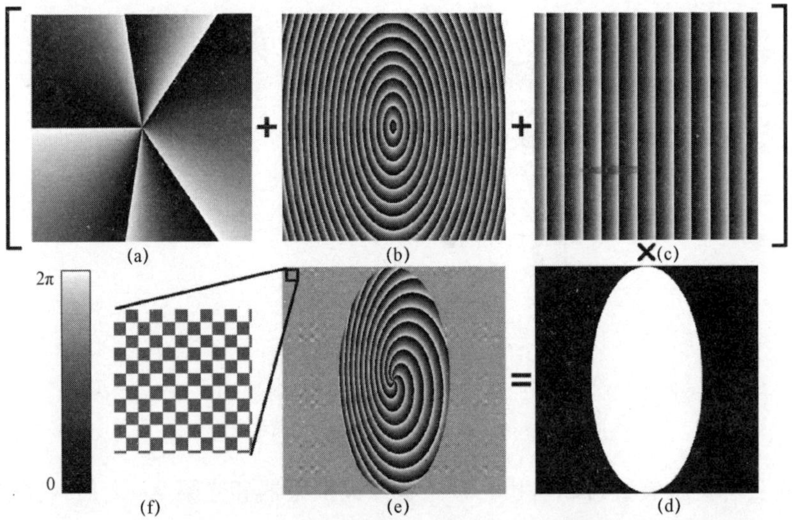

图 5-20　非对称完美涡旋的相位掩模版生成过程

（a）螺旋相位；（b）轴锥的相位模式；（c）闪耀光栅；

（d）椭圆孔径；（e）相位掩模图案；（f）棋盘图案

但椭圆离心率太大则会对椭圆光束造成干扰，使生成的非对称完美涡旋光束不太理想。为了验证生成模式的准确性，将实验光强测量得到的离心率与通过公式（5-21）理论计算的离心率作对比可得，椭圆离心率理论值与实际值的最大误差为 2.3%，平均误差为 2.1%，实验生成精度较高，所以实验生成的非对称完美涡旋与理论基本符合。

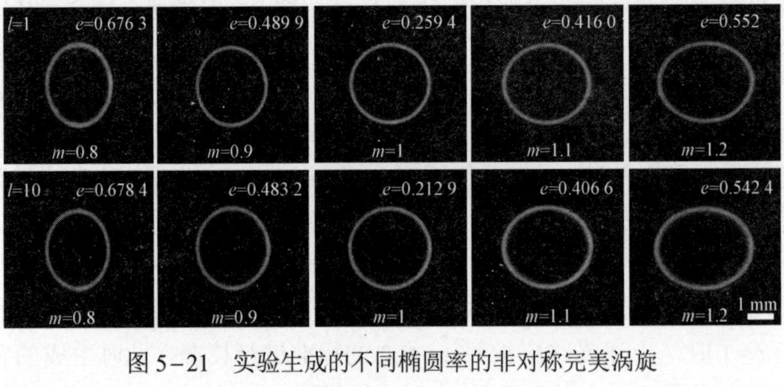

图 5-21　实验生成的不同椭圆率的非对称完美涡旋

接下来验证所生成的非对称完美涡旋的性质。图 5-22 上行为不同拓扑荷值分别为 2、4、6、8、10 的非对称完美涡旋光强图。下行为非对称完美涡旋与其共轭光束之间的干涉图。从图 5-22 上行定性的可以看出，随着拓扑荷值得增加，非对称完美涡旋光强分布不变，证明了非对称完美涡旋同样满足完美涡旋的性质，即其长半轴与短半轴的大小与拓扑荷值无关。分析图 5-22 下行，通过观察，在每一种拓扑荷值下都存在椭圆螺旋干涉条纹，且条纹个数是相应拓扑荷值的两倍，证明了存在非对称完美涡旋螺旋相位。

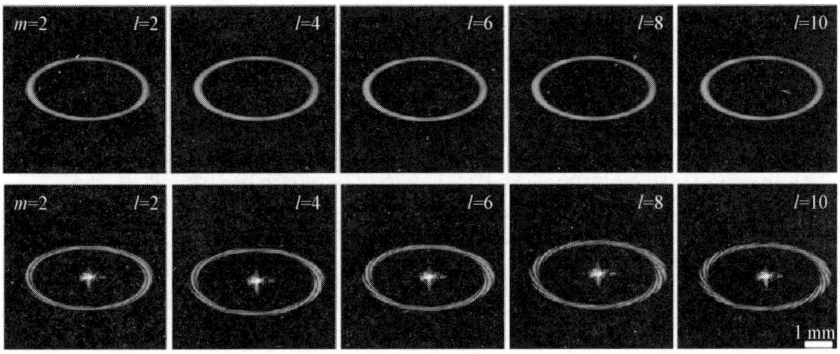

图 5-22 不同拓扑荷值下非对称完美涡旋光强分布及与共轭光束之间的干涉图

为了进一步定量分析，对生成的非对称完美涡旋各个参数进行误差分析，如图 5-23 所示。通过计算，椭圆长轴均值为 1 942 μm，最大误差为 1.159%，平均误差为 0.719%；椭圆短轴均值为 997 μm，最大误差为 1.846%，平均误差为 1.132%。椭圆在长轴上的宽度均值为 225.35 μm，最大误差为 7%，平均误差为 3.6%；椭圆在短轴上的宽度均值为 105.75 μm，最大误差为 4.255%，平均误差为 3.404%。得出结论：非对称完美涡旋的长短轴长度和在长短轴上的宽度均独立于拓扑荷值。

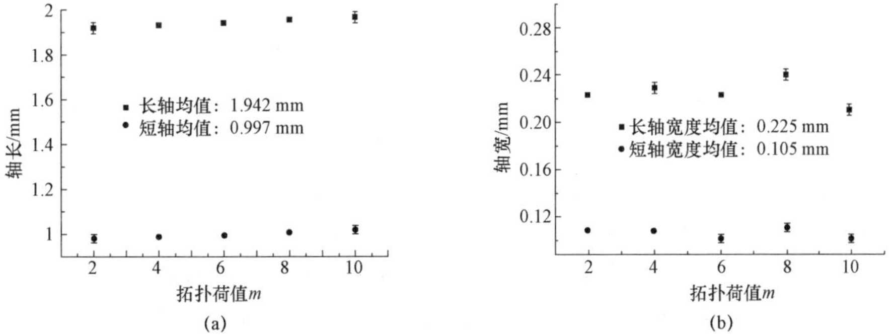

图 5-23 对参数进行误差分析

（a）椭圆长短轴的长度误差分析；（b）椭圆在长短轴上的宽度误差分析

上述结论证明了所得到得非对称完美涡旋较为理想，但是仍然存在一定得误差。其主要原因在于，由式（5–11）所描述的完美涡旋若想生成理想的完美涡旋光束，必须使ω_0趋于无穷大。但是实验中，该参数由入射场椭圆光阑的大小决定。若使其取值无穷小，入射场光阑必须无限大，因此不可避免地造成实验中完美涡旋性质不能完全的保持。

主要介绍了非对称完美涡旋光场的理论基础和实验生成过程，设计了生成非对称完美涡旋光束的实验光路，并对生成的非对称完美涡旋光束的结果进行了分析。发现所提出的实验技术可以精确生成非对称完美涡旋模式，通过将实验光强的离心率与公式计算的理论值做对比，其平均误差仅为 2.1%。随后，对非对称完美涡旋的性质进行了验证：通过与共轭光束进行干涉验证了螺旋相位的存在；通过实验光强图长短轴与环宽的测量，发现长短轴相对误差均低于 1.2%，环宽相对误差低于 4.3%，证明了非对称完美涡旋很好地保持了完美涡旋的性质。

5.3.2 非对称完美涡旋光场微粒操纵实验探究

光镊作为生物学、医学等领域中的一项高科技工具现已稳固地站稳脚跟，在 1994 年物理学家们又提出了一个新的想法，即用光镊使粒子旋转。这项新增加的转动操作引出了“光扳手”这个新名词，即光束的轨道角动量可以转移给微小粒子，并因此使其旋转。

需要说明的是，大部分激光器出射的光为基模高斯光，必须经相位调制后生成涡旋光束。

酵母菌细胞微操纵的光扳手实验系统要想成功实现微粒旋转，首先要将激光器发出的基模高斯光束转变为平面光波。基模高斯光束经过扩束透镜组后得到平行光束，且光束直径与空间光调制器反射面的大小接近。由激光器发出的基模高斯光束经扩束透镜组扩束后，以 6° 的入射角投射到写有相位掩模版的空间光调制器（SLM）上，经 SLM 调制后生成非对称完美涡旋光束。SLM 的像素分辨率为 1 920 pixel × 1 080 pixel 与投射到 SLM 上的灰度相位图像素相匹配，在 420～850 nm 波长范围内最大相位调制可以达到 2 π。SLM 的响应时间小于 1 ms，最大帧频速度可达 60 Hz，可通过加速切换加载到 SLM 上灰度相位图拓扑荷值的大小和方向，来实时控制酵母菌在环形光阱中的旋转角度和旋转方向。

实验采用连续波固体激光器（型号：LWGL532–2 W　GL18061111，北京镭志威光电技术有限公司），SLM 的反射面大小为 15.36 mm × 8.64 mm，反射面最大承受功率为 2 W/cm^2。

实验光路图如图 5–24 所示，缩束后的光束至二向色镜 M1，到达显微物镜 O1 进行紧聚焦，聚焦至载玻片上的酵母菌上再由反射镜 M2 反射回 CCD 相机中。成像照明光源为载物台上方的 LED 光源，通过显微物镜后形成紧聚焦的光斑，在样品池中产生光势阱捕获微粒，其出射光也会反射镜 M2 反射入 CCD 相机中。CCD 与计算机相连，可实时观察到非对称完美涡旋对微粒的动态捕获过程。为了区分开绿色的激光光源，本实验所用背景光源为红光，波长为（620±10）nm。

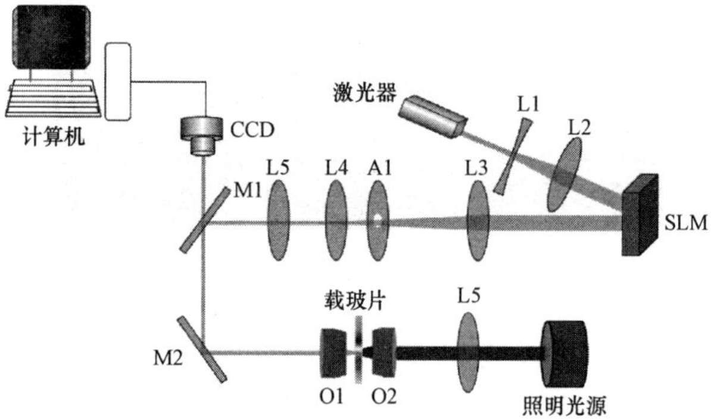

图 5–24　光镊实验光路图

L1–L5—透镜；A1—光阑；SLM—空间光调制器；
M1—二向色镜；M2—反射镜；CCD—电荷耦合器件

本节实验中主要的操纵对象为球形形态的酵母菌微粒，酵母菌是一种单核细胞真菌。细胞直径约为 2～6 μm，蒸馏水是光镊实验常用的介质，在生物实验中，几乎所有的生物缓冲液都和光镊技术有很好的相容性。在正常的实验操作中，酵母菌浸入水中的情况下，不论是折射率，形状还是介质黏度都能达到本次实验操纵微粒的标准。而且酵母菌获取难度低，非常容易买到，降低了实验成本。当然，为了保证能够成功操纵，酵母菌溶液必须保证浓度相当，所以本次所有实验中所使用的溶液均为 5×10^{-6} g/mL，可保证物镜视野中有适量的酵母菌可供选择。同时在称量酵母菌微粒时采用了小数点后四位精度的电子秤，确保溶液浓度处于可操作区间。

（1）非对称完美涡旋对酵母菌实现光致旋转

根据上述设计的酵母菌细胞微操纵的光扳手实验系统，首先利用完美涡旋光束对样品室中的酵母菌细胞进行了旋转操纵。实验结果如图 5–25 所示。

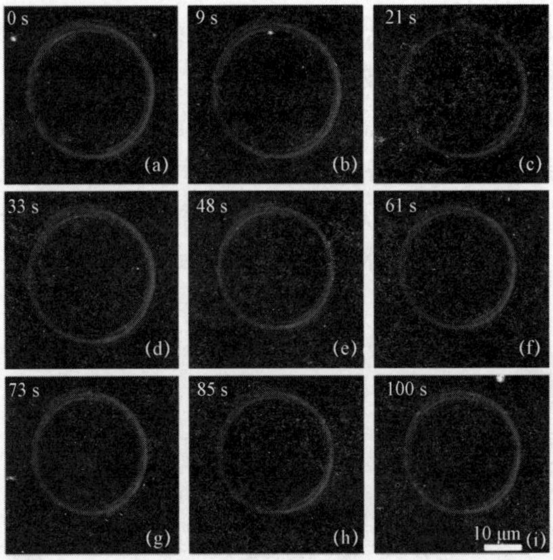

图 5-25　涡旋光束对酵母菌细胞进行旋转操纵

图 5-25 是从一段连续摄像的视频中截取的部分图片。对图 5-25 分析可得，涡旋光束在对酵母菌进行捕获后，由于涡旋光束本身具有轨道角动量，会使其绕光束中心旋转。

分析图 5-26 完美涡旋操纵酵母菌旋转一周速度图，酵母菌细胞运动平均速度为 2.546 3 μm/s，最大误差为 3.2%，平均误差为 2.8%，所以酵母菌细胞的运动可近似看做为匀速运动。

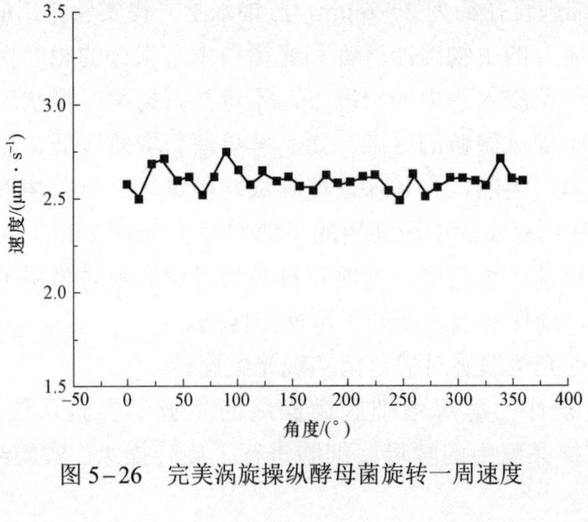

图 5-26　完美涡旋操纵酵母菌旋转一周速度

接着将非对称完美涡旋引入光镊实验系统中，在上述实验系统下，将非对称完美涡旋的相位掩模版写入 SLM 中，重新对光路进行调节，使在 CCD 相机中生成非对称完美涡旋光束。非对称完美涡旋光束对酵母菌细胞进行旋转操纵如图 5-27 所示。

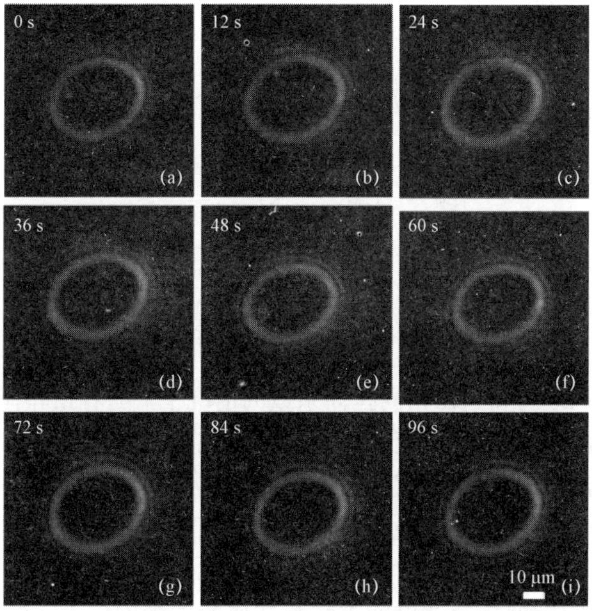

图 5-27　非对称完美涡旋光束对酵母菌细胞进行旋转操纵

图中是从一段连续摄像的视频中截取的部分图片。对图 5-27 分析可得，非对称完美涡旋光束在对酵母菌进行捕获后，会使其绕椭圆进行旋转。证明非对称完美涡旋光束本身具有轨道角动量。同时可以看出，取相同的时间间隔，酵母菌细胞的运动位置变化不是相同的，所以非对称完美涡旋对酵母菌细胞的旋转操纵不是匀速的，下面来具体探讨非对称完美涡旋对酵母菌细胞操纵的速度变化过程。

（2）非对称完美涡旋对酵母菌细胞微操纵特性分析

实验生成拉伸系数为 1.2，拓扑荷值分别为 50、55、60、65、70 的非对称完美涡旋光束，并运用到光镊实验系统，捕获并操纵酵母菌细胞旋转一周，用 CCD 相机记录下酵母菌细胞旋转一周的图像。根据图像分析不同拓扑荷值下酵母菌细胞旋转一周速度变化规律，并分别分析酵母菌细胞在椭圆长轴和短轴的运动速度变化规律，如图 5-28 所示。

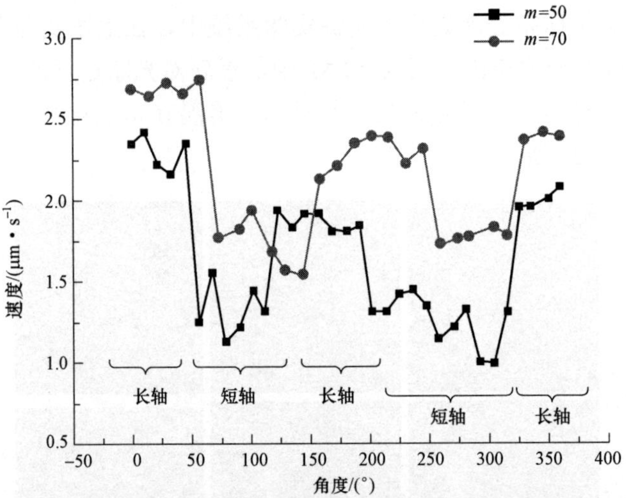

图 5-28　不同拓扑荷值下酵母菌运动一周速度变化

分析图 5-28 可得，在相同拉伸系数的情况下，随着拓扑荷值的增大，酵母菌细胞运动一周的瞬时速度越快。酵母菌细胞在椭圆长、短轴上运动速度也不同，在椭圆长轴运动速度比在短轴运动速度快，导致这一现象的原因是轨道角动量密度在长轴一侧最大，在短轴一侧最小，最大和最小轨道角动量密度之比等于椭圆长短轴的平方比[273]。由图 5-28 同样可以看出：酵母菌细胞在椭圆长、短轴的运动速度随着拓扑荷值的增大而增大。同时发现，酵母菌运动速度会出现些许偏差，其中最大误差为 1.2%，平均误差为 0.8%，分析造成误差的原因是外部环境的影响。

上述研究证明了非对称完美涡旋长短轴速度不同，下面对长短轴速度之间的关系在力场方面进行定量研究。光镊是利用强聚焦激光束与微小粒子之间的相互作用，进而产生力学效应的微粒捕获技术，其力场分布受到激光束与微粒多种参数的影响，如激光波长、强度分布和微粒尺寸、折射率等。对于标量光束而言，力场主要包括散射力、梯度力、轨道角动量产生的角向扳手力。

实验生成拓扑荷值为 60，长短轴拉伸系数分别为 0.8、0.9、1.0、1.1、1.2 的非对称完美涡旋光束，并运用到光镊实验系统，捕获并操纵酵母菌细胞旋转一周。分析椭圆拉伸系数对酵母菌细胞运动速度的影响，如图 5-29 所示。

分析图 5-29 可得，取不同椭圆拉伸系数下，酵母菌在长短轴运动速度的极值，当 $0<l<1$ 时，虽然随着拉伸系数的减小，酵母菌所受到的梯度力是增大的，光束总光强保持不变，拉伸系数越小，平均每点光强值越大，但是长

短轴光强差距也随之增大，酵母菌细胞在长短轴过渡阶段需要加速、减速，需要时间增多，所以酵母菌运动速度越慢；当 $l>1$ 时，酵母菌细胞运动速度随着椭圆拉伸系数的增大而减小。由此可以得出：随着椭圆离心率的增大，酵母菌细胞运动一周速度越慢，且在长轴上的运动速度始终大于短轴上的运动速度。

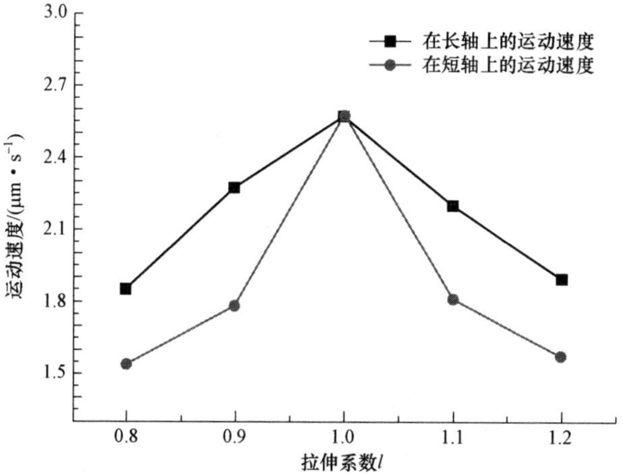

图 5–29　酵母菌在不同椭圆拉伸系数下的长、短轴速度极值

假设是在层流状态下工作的，为简化问题，在一个局域范围内酵母菌细胞的加速度近似为零，轨道角动量给酵母菌的力驱动其加速、减速，近似等于酵母菌在运动过程中受到的摩擦力。简单地表示为[274]：

$$F_{\text{drag}}=6\pi\eta av \tag{5-14}$$

其中，η 是颗粒周围介质的动态黏度（水、η=0.89 mPa・s），a 是微粒的半径，v 是微粒运动的速度。只要粒子确保在实验期间离表面不是很近，这一方程就能准确地预测摩擦力。

通过测量计算出酵母菌半径为 2.633 557 μm，利用式（5–14）得到不同椭圆拉伸系数下酵母菌受到的力场特性图，如图 5–30 所示。

由图 5–30 得到，当 $0<l<1$ 时，酵母菌细胞受到的力随着椭圆拉伸系数的减小而减小；当 $l>1$ 时，酵母菌细胞受到的力随着椭圆拉伸系数的增大而减小，导致运动速度随之减慢；分析其原因是随着拉伸系数的增大，椭圆一周光强分布更不均匀，轨道角动量更小，所以酵母菌细胞受到的力减小。也因此可以得到结论：酵母菌在长轴运动速度比短轴快是因为在长轴上受到的力比短轴上的大。

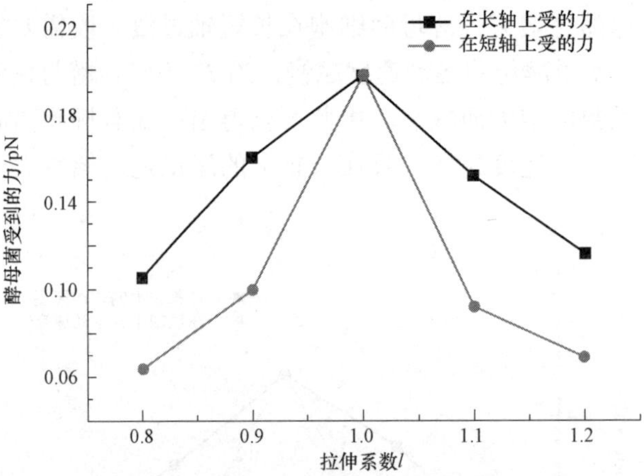

图 5-30　不同拉伸系数下酵母菌受到的力

在上述对速度的分析中，发现存在少量误差。分析造成误差的原因有：外部环境的影响、实验仪器误差、布朗运动等；由于外部环境和实验仪器影响无法改变，所以着重研究微粒的布朗运动影响。

布朗运动是指在某种液体中另一种微粒，其中液体分子不停地作无规则运动，运动过程中会不断地随机撞击悬浮微粒。微粒尺寸越小，被撞击后其加速度越快，运动状态越容易被改变，运动速度越快。颗粒在角向运动，所以从角向速度上看不出布朗运动。

当光对微粒无作用时，液体中已经存在布朗运动；但光对微粒作用时，布朗运动会增强。原因是液体中的温度会随着光的照射而升高，温度越高，液体分子的运动随着温度的升高而更加剧烈，对颗粒的冲撞力也就越大。为解决这一问题，本课题组提出了一种新方法来研究微粒的布朗运动。即探究酵母菌细胞在径向方向上的位移变化，如图 5-31 所示。

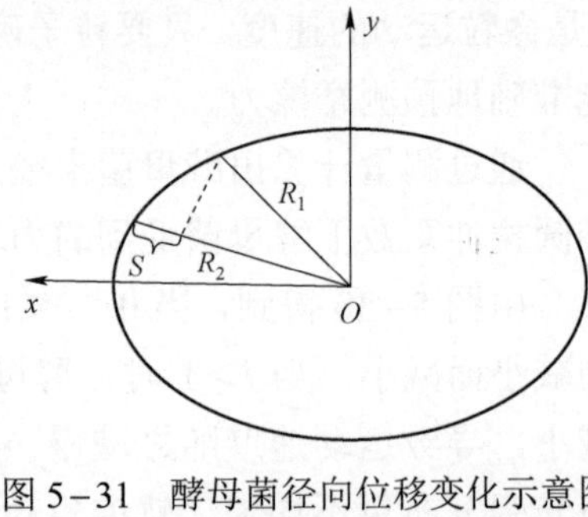

图 5-31　酵母菌径向位移变化示意图

微粒的平均自由程定义为：在一定条件下，微粒可能通过的所有路程中，一个微粒相邻两次运动的距离变化的平均值。其中，R_1 和 R_2 分别为酵母菌相邻两次运动的位置到椭圆圆心的距离，S 为 R_1、R_2 的差值。S 的产生有两方面原因：一个是不同椭圆离心率下光束的光强分布，但由于其影响较小，此处忽略不计；另一个就是酵母菌微粒在液体中的布朗运动。

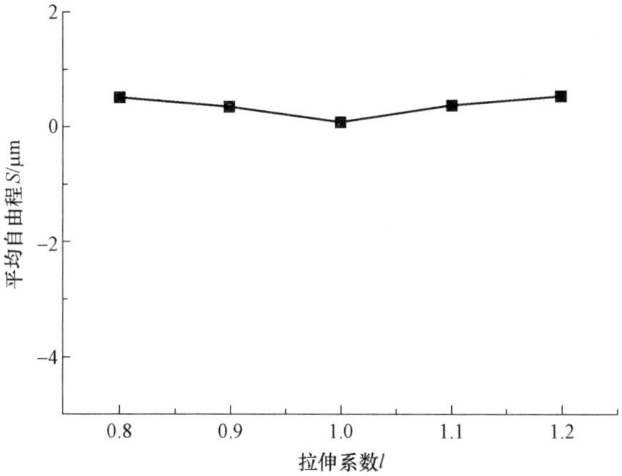

图 5−32　不同拉伸系数下酵母菌的平均自由程

由图 5−32 得到：当拉伸系数 $0<l<1$ 时，酵母菌细胞的平均自由程随着 l 的减小而增大；当 $l>1$ 时，平均自由程随着 l 的增大而增大。原因是椭圆离心率越小，光强分布越均匀，轨道角动量变化越小，酵母菌运动一周的平均自由程 S 越小，酵母菌细胞径向方向造成的位移对布朗运动的影响也就越小。同时计算分析可得，上述速度误差均在布朗运动范围内，也就是说速度误差可近似看作是布朗运动造成的。

主要探究了非对称完美涡旋对酵母菌细胞微操纵的特性。运用 CCD 相机分别记录了不同拓扑荷值、不同长短轴比例的非对称完美涡旋光束对酵母菌旋转操纵的过程。得出结论：酵母菌细胞在椭圆长轴的运动速度比在短轴快，且运动速度随着拓扑荷值的增大而增大。随着椭圆离心率的增大，酵母菌细胞运动速度减慢。接着根据酵母菌细胞不同参数下的运动速度反算出非对称完美涡旋的力场特性，得到酵母菌细胞受到的力随着椭圆离心率的增大而减小，所以运动速度随之减慢的结论。最后分析了酵母菌细胞的布朗运动影响，得出结论：椭圆离心率越小，酵母菌细胞径向方向造成的位移对布朗运动的影响也就越小。

5.3.3　实验结论与展望

为了解决完美涡旋的模式分布过于单一而限制了应用的广泛性的问题，提出来非对称完美涡旋概念，极大地拓展了完美涡旋的模式分布。目前已经提出几种非对称完美涡旋模式，但关于非对称完美涡旋的应用却还没有被提及。于是本节主要探究了非对称完美涡旋在光学微操纵领域的应用。

首先通过调研文献，对非对称完美涡旋光场的基本性质及发展概况和光镊技术做了简要的论述，并对全文思路进行了阐述。

接着，实验生成非对称完美涡旋光束。实验结果验证了非对称完美涡旋长短轴独立于拓扑荷值、且含有螺旋相位的性质，得到了当长短轴之比 $0<l<1$ 时，离心率随着 l 的减小而增大；相反地，当 $l>1$ 时，离心率随着拉伸系数 l 的增大而增大的结论。最后对非对称完美涡旋光束的各个参数进行了具体的误差分析。

最后，着重分析了非对称完美涡旋对酵母菌细胞微操纵的特性。基于光扳手原理，运用非对称完美涡旋光束捕获并操纵酵母菌旋转一周。证明了非对称完美涡旋很好地保持了完美涡旋的性质。在相同拉伸系数的情况下，随着拓扑荷值的增大，酵母菌细胞运动速度越快。同时发现，酵母菌细胞在椭圆短轴运动速度比在长轴运动速度快。随着椭圆离心率的增大，酵母菌细胞运动速度减慢。接着根据酵母菌细胞不同参数下的运动速度反算出非对称完美涡旋的力场特性并分析了酵母菌细胞的布朗运动，得出结论：酵母菌细胞受到的力随着椭圆离心率的增大而减小，因此运动速度随之减慢。且椭圆离心率越小，酵母菌细胞径向方向造成的位移对布朗运动的影响也就越小。

由于实验仪器的限制，具体是酵母菌细胞运动的瞬时位移记录问题，导致实验无法准确地得到酵母菌移动的位移，不能准确求出酵母菌细胞运动的瞬时速度等参数。针对这一问题，下一步的实验有待于引进更精密的实验仪器，测量出更准确地结果。另外，虽然实验得到了酵母菌运动速度随着拓扑荷值得增大而增大，且在长轴运动速度比短轴快的结论，但是拉伸系数与酵母菌运动速度之间的关系产生原因有待进一步的研究。

参 考 文 献

1. M. A. Bandres, and J. C. Gutiérrez–Vega, “Ince–Gaussian modes of the paraxial wave equation and stable resonators,” J. Opt. Soc. Am. A 21, 873–880 (2004).

2. M. A. Bandres, and J. C. Gutiérrez–Vega, “Ince–Gaussian beams,” Opt. Lett. 29, 144–146 (2004).

3. M. A. Bandres, “Elegant Ince–Gaussian beams,” Opt. Lett. 29, 1724–1726 (2004).

4. 陈泽军，马军山，刘长青，邵晓丽，董祥美，耿涛，“外腔式氦氖激光器的因斯高斯光束产生方法，”光学技术 39，522–525（2013）.

5. 罗慧，汪冰，袁扬胜，崔执凤，屈军，“部分相干复宗量厄米高斯光束捕获两种类型粒子，”中国激光 41，0502006–0502001（2014）.

6. W. N. Plick, M. Krenn, R. Fickler, S. Ramelow, and A. Zeilinger, “Quantum orbital angular momentum of elliptically symmetric light,” Physical Review A 87, 033806 (2013).

7. U. T. Schwarz, M. A. Bandres, and J. C. Gutiérrez–Vega, “Observation of Ince–Gaussian modes in stable resonators,” Opt. Lett. 29, 1870–1872 (2004).

8. 张明明，白胜闯，董俊，“Ince–Gaussian 模式激光的研究进展，”激光与光电子学进展 53，020002–020001 (2016).

9. E. L. Ince, “A linear differential equation with periodic coefficients,” Proceedings of the London Mathematical Society s2–23, 56–74 (1925).

10. C. G. Lambe, “Periodic differential equations,” Journal of the London Mathematical Society s1–41, 566–566 (1966).

11. F. M. Arscott, “XXI—the Whittaker–Hill equation and the wave equation in paraboloidal co–ordinates,” Proceedings of the Royal Society of Edinburgh. Section A. Mathematical and Physical Sciences 67, 265–276 (2012).

12. 戎海武，王向东，徐伟，方同，“Mathieu 方程的周期解与稳定性，”佛山科学技术学院学报（自然科学版）20，1–4（2002）.

13. 张霞萍，刘友文，“强非局域非线性介质中光束传输的 Ince–Gauss 解，”物理学报 58，8332-8338（2009）.

14. A. Bencheikh, M. Fromager, and K. A. Ameur, “Generation of Laguerre-Gaussian LGp0 beams using binary phase diffractive optical elements,” Appl. Opt. 53, 4761–4767 (2014).

15. M. J. Padgett, and J. Courtial, “Poincaré–sphere equivalent for light beams containing orbital angular momentum,” Opt. Lett. 24, 430–432 (1999).

16. J. W. Miles, “Weakly nonlinear Kelvin–Helmholtz waves,” Journal of Fluid Mechanics 172, 513–529 (2006).

17. J. C. Gutiérrez–Vega, M. D. Iturbe–Castillo, and S. Chávez–Cerda, “Alternative formulation for invariant optical fields:Mathieu beams,” Opt. Lett. 25, 1493–1495 (2000).

18. C. A. Dartora, and K. Z. Nobrega, “Study of Gaussian and Bessel beam propagation using a new analytic approach,” Optics Communications 285, 510–516 (2012).

19. S. Chávez–Cerda, J. C. Gutiérrez–Vega, and G. H. C. New, “Elliptic vortices of electromagnetic wave fields,” Opt. Lett. 26, 1803–1805 (2001).

20. J. Arlt, and M. J. Padgett, “Generation of a beam with a dark focus surrounded by regions of higher intensity:the optical bottle beam,” Opt. Lett. 25, 191–193 (2000).

21. K. T. Gahagan, and G. A. Swartzlander, “Optical vortex trapping of particles,” Opt. Lett. 21, 827–829 (1996).

22. M. A. Bandres, and J. C. Gutiérrez–Vega, “Elliptical beams,” Opt. Express 16, 21087–21092 (2008).

23. S. C. Chu, C. S. Yang, and K. Otsuka, “Vortex array laser beam generation from a Dove prism–embedded unbalanced Mach–Zehnder interferometer,” Opt. Express 16, 19934–19949 (2008).

24. J. C. Gutierrez–Vega, “Characterization of elliptic dark hollow optical beams,” in 2008 Digest of the IEEE/LEOS Summer Topical Meetings, 7–8 (2008).

25. C. Alpmann, M. Woerdemann, and C. Denz, “Tailored light fields:Ince Gaussian beams offer novel opportunities in optical micromanipulation,” in CLEO/Europe and EQEC 2011 Conference Digest (Optical Society of America, Munich, 2011), p. CLEB5_2.

26. Z. Y. Bai, D. M. Deng, and Q. Guo, "Elegant Ince–Gaussian beams in a quadratic–index medium," Chinese Physics B 20, 094202 (2011).

27. M. Woerdemann, C. Alpmann, and C. Denz, "Optical assembly of microparticles into highly ordered structures using Ince–Gaussian beams," Applied Physics Letters 98, 111101 (2011).

28. A. Parra–Hinojosa, and J. C. Gutiérrez–Vega, "Fractional Ince equation with a Riemann–Liouville fractional derivative," Applied Mathematics and Computation 219, 10695–10705 (2013).

29. J. Lei, A. Hu, Y. Wang, and P. Chen, "A method for selective excitation of Ince–Gaussian modes in an end–pumped solid–state laser," Applied Physics B 117, 1129–1134 (2014).

30. M. V. Gabriel, A. O. Dilia, S. d. l. L. David, and A. Victor, "Experimental generation of Hermite–Gauss and Ince–Gauss beams through kinoform phase holograms," in Proc. SPIE (2015).

31. S. Han, Y. Liu, F. Zhang, Y. Zhou, Z. Wang, and X. Xu, "Direct generation of subnanosecond Ince–Gaussian modes in microchip laser," IEEE Photonics Journal 7, 1–6 (2015).

32. Y. X. Ren, Z. X. Fang, L. Gong, K. Huang, Y. Chen, and R. D. Lu, "Dynamic generation of Ince–Gaussian modes with a digital micromirror device," Journal of Applied Physics 117, 133106 (2015).

33. Y. Peng, B. Chen, X. Peng, M. Zhou, L. Zhang, D. Li, and D. Deng, "Self–accelerating Airy–Ince–Gaussian and Airy–Helical–Ince–Gaussian light bullets in free space," Opt. Express 24, 18973–18985 (2016).

34. J. B. Bentley, J. A. Davis, M. A. Bandres, and J. C. Gutiérrez–Vega, "Generation of helical Ince–Gaussian beams with a liquid–crystal display," Opt. Lett. 31, 649–651 (2006).

35. K. Otsuka, and S. C. Chu, "Generation of vortex array beams from a thin–slice solid–state laser with shaped wide–aperture laser–diode pumping," Opt. Lett. 34, 10–12 (2009).

36. C. F. Kuo, and S. C. Chu, "Numerical study of the properties of optical vortex array laser tweezers," Opt. Express 21, 26418–26431 (2013).

37. 马海祥，李新忠，李贺贺，唐苗苗，王静鸽，汤洁，王屹山，聂兆刚，"相位差因子调控的 Ince–Gaussian 光束空间模式分布，" 光学学报 37（006）（2017）.

38. M. Woerdemann, C. Alpmann, M. Esseling, and C. Denz, “Advanced optical trapping by complex beam shaping,” Laser & Photonics Reviews 7, 839−854 (2013).

39. I. M. Besieris, and A. M. Shaarawi, “A note on an accelerating finite energy Airy beam,” Opt. Lett. 32, 2447−2449 (2007).

40. 张泽，胡毅，赵娟莹，张鹏，陈志刚，“艾里光束研究进展与应用前景，” 科学通报（2013）.

41. 程振，赵尚弘，楚兴春，邓博于，张曦文，“艾里光束产生方法的研究进展，” 激光与光电子学进展 52，64−73（2015）.

42. 文伟，蔡阳健，“自加速 Airy 光束的产生、特性及应用研究进展，” 激光与光电子学进展 54，18−28（2017）.

43. J. Broky, G. A. Siviloglou, A. Dogariu, and D. N. Christodoulides, “Self−healing properties of optical Airy beams,” Opt. Express 16, 12880−12891 (2008).

44. H. T. Dai, Y. J. Liu, D. Luo, and X. W. Sun, “Propagation dynamics of an optical vortex imposed on an Airy beam,” Opt. Lett. 35, 4075−4077 (2010).

45. Y. Fan, J. Wei, J. Ma, Y. Wang, and Y. Wu, “Tunable twin Airy beams induced by binary phase patterns,” Opt. Lett. 38, 1286−1288 (2013).

46. D. Choi, K. Lee, K. Hong, I. M. Lee, K. Y. Kim, and B. Lee, “Generation of finite power Airy beams via initial field modulation,” Opt. Express 21, 18797−18804 (2013).

47. N. Voloch−Bloch, Y. Lereah, Y. Lilach, A. Gover, and A. Arie, “Generation of electron Airy beams,” Nature 494, 331−335 (2013).

48. 王晓章，“基于相位空间光调制器的艾里光束产生和传输控制研究，”（哈尔滨工业大学）.

49. X. Z. Wang, Q. Li, and Q. Wang, “Arbitrary scanning of the Airy beams using additional phase grating with cubic phase mask,” Appl. Opt. 51, 6726−6731 (2012).

50. X. Z. Wang, Q. Li, Z. P. Xiong, Z. Zhang, and Q. Wang, “Generation and scanning of Airy beams array by combining multiphase patterns,” Appl. Opt. 52, 3039−3047 (2013).

51. 施瑶瑶，吴彤，刘友文，李艳，周融，“艾里光束自弯曲性质的控制，” 光子学报 42，1401−1407（2013）.

52. J. Baumgartl, M. Mazilu, and K. Dholakia, "Optically mediated particle clearing using Airy wavepackets," Nature Photonics 2, 675–678 (2008).

53. X. Chu, "Evolution of an Airy beam in turbulence," Opt. Lett. 36, 2701–2703 (2011).

54. H. T. Dai, Y. J. Liu, D. Luo, and X. W. Sun, "Propagation properties of an optical vortex carried by an Airy beam:experimental implementation," Opt. Lett. 36, 1617–1619 (2011).

55. N. K. Efremidis, and D. N. Christodoulides, "Abruptly autofocusing waves," Opt. Lett. 35, 4045–4047 (2010).

56. T. Latychevskaia, D. Schachtler, and H. W. Fink, "Creating Airy beams employing a transmissive spatial light modulator," Appl. Opt. 55, 6095–6101 (2016).

57. R. P. Chen, and C. F. Ying, "Beam propagation factor of an Airy beam," Journal of Optics 13, 085704 (2011).

58. T. Vettenburg, H. I. C. Dalgarno, J. Nylk, C. Coll–Lladó, D. E. K. Ferrier, T. Čižmár, F. J. Gunn–Moore, and K. Dholakia, "Light–sheet microscopy using an Airy beam," Nature Methods 11, 541–544 (2014).

59. J. F. Nye, and M. V. Berry, "Dislocations in wave trains," in A Half–Century of Physical Asymptotics and Other Diversions (WORLD SCIENTIFIC), 6–31 (2017).

60. G. Molina–Terriza, J. P. Torres, and L. Torner, "Twisted photons," Nature Physics 3, 305–310 (2007).

61. N. Bozinovic, Y. Yue, Y. Ren, M. Tur, P. Kristensen, H. Huang, A. E. Willner, and S. Ramachandran, "Terabit–scale orbital angular momentum mode division multiplexing in fibers," Science 340, 1545 (2013).

62. D. G. Grier, "A revolution in optical manipulation," Nature 424, 810–816 (2003).

63. S. H. Tao, X. C. Yuan, J. Lin, X. Peng, and H. B. Niu, "Fractional optical vortex beam induced rotation of particles," Opt. Express 13, 7726–7731 (2005).

64. J. Ng, Z. Lin, and C. T. Chan, "Theory of optical trapping by an optical vortex beam," Physical Review Letters 104, 103601 (2010).

65. K. Crabtree, J. A. Davis, and I. Moreno, "Optical processing with

vortex-producing lenses," Appl. Opt. 43, 1360-1367 (2004).

66. M. K. Sharma, J. Joseph, and P. Senthilkumaran, "Selective edge enhancement using anisotropic vortex filter," Appl. Opt. 50, 5279-5286 (2011).

67. Y. Pan, W. Jia, J. Yu, K. Dobson, C. Zhou, Y. Wang, and T. C. Poon, "Edge extraction using a time-varying vortex beam in incoherent digital holography," Opt. Lett. 39, 4176-4179 (2014).

68. X. Z. Li, Y. P. Tai, and Z. G. Nie, "Digital speckle correlation method based on phase vortices," Optical Engineering 51, 7004 (2012).

69. X. Li, Y. Tai, L. Zhang, H. Li, and L. Li, "Characterization of dynamic random process using optical vortex metrology," Applied Physics B 116, 901-909 (2014).

70. R. Liu, and B. Y. Gu, "Generation of the high-order Bessel beams by diffractive phase elements," Optik-International Journal for Light and Electron Optics 110, 71-76 (1999).

71. J. Arlt, and K. Dholakia, "Generation of high-order Bessel beams by use of an axicon," Optics Communications 177, 297-301 (2000).

72. F. G. Mitri, "Three-dimensional vectorial analysis of an electromagnetic non-diffracting high-order Bessel trigonometric beam," Wave Motion 49, 561–568 (2012).

73. P. Wu, and W. Huang, "Theoretical analysis of quasi-bessel beam for laser micromachining," Zhongguo Jiguang/Chinese Journal of Lasers 41 (2014).

74.W. S.Yu,Y. L. Qin, H. L. Ren, J. Li, and L. L. Xue, "Research on Ring-Like Vortex Solitons in Bessel Lattices," Acta Optica Sinica 34, 0719001 (2014).

75. 张霞，宿晓飞，张磊，席丽霞，张晓光，白成林，"折射率环状分布光纤中基于高阶贝塞尔函数的轨道角动量模式分析，"中国激光 41，1205002-1205001（2014）.

76. C. Sun, Y. He, J. Chen, and F. Wu, "Bessel beam generated by linear radial gradient-index lens," Chinese Journal of Lasers 42 (2015).

77. Z. Zhou, M. Hu, Y. Zhou, Y. Li, and Q. Wang, "Broadband spectrum Bessel beams directly output from a photonic crystal fiber," Chinese Journal of Lasers 42 (2015).

78. M. V. Berry, "Optical vortices evolving from helicoidal integer and

fractional phase steps," Journal of Optics A:Pure and Applied Optics 6, 259–268 (2004).

79. J. Leach, E. Yao, and M. J. Padgett, "Observation of the vortex structure of a non–integer vortex beam," New Journal of Physics 6, 71 – 71 (2004).

80. X. Li, Y. Tai, F. Lv, and Z. Nie, "Measuring the fractional topological charge of LG beams by using interference intensity analysis," Optics Communications 334, 235–239 (2015).

81. M. A. Molchan, E. V. Doktorov, and R. A. Vlasov, "Propagation of vector fractional charge Laguerre–Gaussian light beams in the thermally nonlinear moving atmosphere," Opt. Lett. 35, 670–672 (2010).

82. N. V. Petrov, P. V. Pavlov, and A. N. Malov, "Numerical simulation of optical vortex propagation and reflection by the methods of scalar diffraction theory," Quantum Electronics 43, 582–587 (2013).

83. J. C. Gutiérrez–Vega, and C. López–Mariscal, "Nondiffracting vortex beams with continuous orbital angular momentum order dependence," Journal of Optics A:Pure and Applied Optics 10, 015009 (2007).

84. C. López–Mariscal, D. Burnham, D. Rudd, D. McGloin, and J. C. Gutiérrez–Vega, "Phase dynamics of continuous topological upconversion in vortex beams," Opt. Express 16, 11411 – 11422 (2008).

85. F. G. Mitri, "Vector wave analysis of an electromagnetic high–order Bessel vortex beam of fractional type α:erratum," Opt. Lett. 38, 615–615 (2013).

86. F. Mitri, "High–order Bessel nonvortex beam of fractional type α," Phys. Rev. A 85 (2012).

87. M. Lax, and W. Louisell, "From Maxwell to parazial optics," Phys. Rev. A 11 (1975).

88. L. John, *Theory of Electromagnetic Beams* (Morgan & Claypool, 2020).

89. D. N. Pattanayak, and G. Agrawal, "Representation of vector electromagnetic beams," Physical Review A 22, 1159–1164 (1980).

90. A. J. Jesus–Silva, E. J. S. Fonseca, and J. M. Hickmann, "Study of the birth of a vortex at Fraunhofer zone," 37, 4554 (2012).

91. Y. Shen, X. Wang, Z. Xie, C. Min, X. Fu, Q. Liu, M. Gong, and X. Yuan, "Optical vortices 30 years on: OAM manipulation from topological charge to multiple singularities," Light: Science & Applications 8, 90 (2019).

92. 李一凡，“光镊的发展——追寻光的力量，”内燃机与配件，250－251（2018）.

93. 陆璇辉，陈和，赵承良，“涡旋光束和光学涡旋的研究，”红外与激光工程 36,180（2007）.

94. I. Aranson, and L. Kramer, “The world of the complex Ginzburg–Landau equation,” Review of Modern Physics 74, 99 – 143 (2001).

95. X. Z. Li, H. X. Ma, H. Zhang, M. M. Tang, H. H. Li, J. Tang, and Y. S. Wang, “Is it possible to enlarge the trapping range of optical tweezers via a single beam,” Applied Physics Letters 114, 081903 (2019).

96. V. V. Kotlyar, A. A. Kovalev, R. V. Skidanov, and V. A. Soifer, “Asymmetric Bessel–Gauss beams,” Journal of the Optical Society of America A Optics Image ence & Vision 31, 1977 – 1983 (2014).

97. A. A. Kovalev, V. V. Kotlyar, and A. P. Porfirev, “Optical trapping and moving of microparticles by using asymmetrical Laguerre–Gaussian beams,” Opt. Lett. 41, 2426 (2016).

98. A. Ghosh, and R. Chakraborty, “Generation of an elliptic Bessel beam,” Opt. Lett. 31, 38 – 40 (2006).

99. Y. Li, W. Li, Z. Zhang, K. Miller, R. Shori, and E. G. Johnson, “Concentric vortex beam amplification:experiment and simulation,” Opt. Express 24, 1658 (2016).

100. D. G. Grier, “A revolution in optical manipulation,” Nature 424, 810 – 816 (2003).

101. J. Wang, J. Y. Yang, I. M. Fazal, N. Ahmed, Y. Yan, H. Huang, Y. Ren, Y. Yue, S. Dolinar, and M. Tur, “Terabit free – space data transmission employing orbital angular momentum multiplexing,” Nature Photonics (2012).

102. H. Ma, X. Li, Y. Tai, H. Li, J. Wang, M. Tang, Y. Wang, J. Tang, and Z. Nie, “In situ measurement of the topological charge of a perfect vortex using the phase shift method,” Opt. Lett. (2016).

103. P. H. F. Mesquita, A. J. Jesus – Silva, E. J. S. Fonseca, and J. M. Hickmann, “Engineering a square truncated lattice with light’s orbital angular momentum,” Optics Express 19, 20610 – 20616 (2011).

104. V. A. Aleshkevich, A. S. Zhukarev, and N. G. Uvarov, “Nonparaxial vortex vector solitons in a nonlinear cubic medium,” 19, 239 – 243 (2011).

105. J. T. Barreiro, T. C. Wei, and P. G. Kwiat, “Beating the channel capacity limit for linear photonic superdense coding,” Nature Physics 4, 282–286 (2008).

106. 薄斌，门克内木乐，赵建林，程明，杜娟，宁安琪，“用反射式纯相位液晶空间光调制器产生涡旋光束,”光电子·激光, 74–78 (2012).

107. Z. Chen, M. Segev, D. W. Wilson, R. E. Muller, and P. D. Maker, “Self–Trapping of an Optical Vortex by Use of the Bulk Photovoltaic Effect,” Physical Review Letters 78, 2948–2951 (1997).

108. W. H. Peters, and W. F. Ranson, *Digital Imaging Techniques In Experimental Stress Analysis* (Kluwer Law International, 1982).

109. Li, and Xin–zhong, “Digital speckle correlation method based on phase vortices,” Optical Engineering 51, 7004 (2012).

110. W. Wang, T. Yokozeki, R. Ishijima, A. Wada, Y. Miyamoto, M. Takeda, and S. G. Hanson, “Optical vortex metrology for nanometric speckle displacement measurement,” Opt. Express 14, 120–127 (2006).

111. Y. K. Wang, H. X. Ma, L. H. Zhu, Y. P. Tai, and X. Z. Li, “Orientation–selective elliptic optical vortex array,” Applied Physics Letters 116, 011101 (2020).

112. S. Franke–Arnold, J. Leach, M. J. Padgett, V. E. Lembessis, and A. S. Arnold, “Optical ferris wheel for ultracold atoms,” Opt. Express 15, 8619–8625 (2007).

113. 张武虹，陈理想，“High–harmonic–generation–inspired preparation of optical vortex arrays with arbitrary–order topological charges,” Chinese Optics Letters 16, 5–9 (2018).

114. V. G. Shvedov, A. V. Rode, Y. V. Izdebskaya, A. S. Desyatnikov, W. Krolikowski, and Y. S. Kivshar, “Giant optical manipulation,” Physical Review Letters 105, 707–712 (2010).

115. S. W. Hancock, S. Zahedpour, A. Goffin, and H. M. Milchberg, “Free–space propagation of spatiotemporal optical vortices,” Optica 6, 1547 (2019).

116. O. Takashige, M. Keigo, M. Katsuhiko, T. Kohei, M. L. Natalia, A. Yoshihiko, and D. Kishan, “Twisted mass transport enabled by the angular momentum of light,” Journal of Nanophotonics 14, 1–19 (2020).

117. H. Gao, Y. Li, L. Chen, J. Jin, M. Pu, X. Li, P. Gao, C. Wang, X. Luo,

and M.Hong, "Quasi–Talbot effect of orbital angular momentum beams for generation of optical vortex arrays by multiplexing metasurface design," NANOSCALE–CAMBRIDGE 2, 666–671 (2018).

118. X. C. Yuan, B. P. S. Ahluwalia, S. H. Tao, W. C. Cheong, L. S. Zhang, J. Lin, B. U. J. , and R. E. Burge, "Wavelength–scalable micro–fabricated wedge for generation of optical vortex beam in optical manipulation," Applied Physics B 86, 209–213 (2007).

119. K. J. Moh, X. C. Yuan, J. Bu, R. E. Burge, and B. Z. Gao, "Generating radial or azimuthal polarization by axial sampling of circularly polarized vortex beams," Appl. Opt. 46, 7544 (2007).

120. 黄玲玲,"基于手性光场作用的超颖表面的相位调控特性及其应用," 红外与激光工程，1–8（2016）.

121. S. Li, and Z. Wang, "Generation of optical vortex based on computer–generated holographic gratings by photolithography," Applied Physics Letters 103, 827 (2013).

122. 朱艳英，姚文颖，李云涛，魏勇，王锁明，"计算全息法产生涡旋光束的实验，" 红外与激光工程 43，3907–3911（2014）.

123. K. J. Moh, X. C. Yuan, D. Y. Tang, W. C. Cheong, L. S. Zhang, D. K. Y. Low, X. Peng, H. B. Niu, and Z. Y. Lin, "Generation of femtosecond optical vortices using a single refractive optical element," Applied Physics Letters 88, 091103–091103–091103 (2006).

124. Y. Tokizane, K. Oka, and R. Morita, "Supercontinuum optical vortex pulse generation without spatial or topological–charge dispersion," Opt. Express 17, 14517–14525 (2009).

125. 袁小聪，"光学旋涡光场调控与应用，" 光学与光电技术（2016）.

126. 步敬，张莉超，豆秀婕，杨勇，张聿全，闵长俊，"任意拓扑荷光学旋涡的产生及应用，" 红外与激光工程 46，8–12（2017）.

127. V. V. Kotlyar, A. A. Kovalev, and A. P. Porfirev, "Elliptic Gaussian optical vortices," Phys. rev. a 95, 053805 (2017).

128. A. A. Kovalev, V. V. Kotlyar, and P. A. Porfirev, "A highly efficient element for generating elliptic perfect optical vortices," Applied Physics Letters (2017).

129. X. Li, H. Ma, H. Zhang, Y. Tai, H. Li, M. Tang, J. Wang, J. Tang, and Y. Cai, "Close–packed optical vortex lattices with controllable structures," Opt.

Express 26 (2018).

130. D. Yang, Y. Li, D. Deng, J. Ye, and J. Lin, “Controllable rotation of multiplexing elliptic optical vortices,” Journal of Physics D Applied Physics 52, 495103- (2019).

131. K. O'Holleran, M. J. Padgett, and M. R. Dennis, “Topology of optical vortex lines formed by the interference of three, four, and five plane waves,” Opt. Express 14, 3039-3044 (2006).

132. M. Berry, “Optical vortices evolving from helicoidal integer and fractional phase steps,” J. Opt. A:Pure Appl. Opt. 6, 259-268 (2004).

133. J. Leach, E. Yao, and M. J. Padgett, “Observation of the vortex structure of a non-integer vortex beam,” New Journal of Physics 6, 71 (2004).

134. A. Blake, “IEEE Trans. Pattern Anal. Machine Intell,” Comparison of the efficiency of deterministic and stochastic algorithms forvisual reconstruction 11, 1-12 (1989).

135. E. Abramochkin, and V. Volostnikov, “Beam transformations and nontransformed beams,” Optics Communications 83, 123-135 (1991).

136. M. W. Beijersbergen, L. Allen, H. E. L. O. van der Veen, and J. P. Woerdman, “Astigmatic laser mode converters and transfer of orbital angular momentum,” Optics Communications 96, 123-132 (1993).

137. L. Allen, M. Beijersbergen, R. Spreeuw, and J. P. Woerdman, “Orbital angular momentum of light and the transformation of Laguerre-Gaussian laser modes,”Physical Review A 45,8185-8189（1992）.

138. J. F. N. V. Berry, “Dislocations in Wave Trains,” Proceedings of the Royal Society of London 336, 165-190 (1974).

139. N. Bozinovic, Y. Yue, Y. Ren, M. Tur, P. Kristensen, H. Huang, A. E. Willner, and S. Ramachandran, “Terabit-Scale Orbital Angular Momentum Mode Division Multiplexing in Fibers,” ence 340, 1545-1548 (2013).

140. 屈檀，吴振森，韦尹煜，李正军，白璐，“拉盖尔高斯涡旋光束对生物细胞的散射特性分析，” 光学学报，378-387（2015).

141. X. Z. Li, X. M. Tian, W. H. Wang, T. J. Tang, and J. G. Wang, “Study on properties of speckle field formed by Laguerre-Gaussian beam illumination,” Acta Optica Sinica 35, 0726001 (2015).

142. 孙喜博，耿远超，刘兰琴，朱启华，黄志华，黄晚晴，张颖，王文义，“弯曲阶跃型光纤中光学涡旋的传输特性研究，”光学学报（2015）.

143. 程振，楚兴春，赵尚弘，邓博于，张曦文，“艾里涡旋光束在大气湍流中的漂移特性研究，”中国激光 v. 42；No. 468，277－281（2015）.

144. 方桂娟，林惠川，蒲继雄，“Besinc 相干涡旋光束的产生与传输，”中国激光 042，291－297（2015）.

145. 葛筱璐，王本义，国承山，“涡旋光束在湍流大气中的光束扩展，”光学学报 v. 36；No. 408，8－14（2016）.

146. A. S. Ostrovsky, C. Rickenstorff－Parrao, and V. Arrizón, “Generation of the “perfect” optical vortex using a liquid－crystal spatial light modulator,” Opt. Lett. 38, 534－536 (2013).

147. Y. Zhang, Z. Wu, C. Yuan, X. Yao, K. Lu, M. Belić, and Y. Zhang, “Optical vortices induced in nonlinear multilevel atomic vapors,” Opt. Lett. 37, 4507－4509 (2012).

148. Y. Zhang, M. Belić, Z. Wu, C. Yuan, R. Wang, K. Lu, and Y. Zhang, “Multicharged optical vortices induced in a dissipative atomic vapor system,” Physical Review A 88 (2013).

149. E. Brasselet, “Tunable Optical Vortex Arrays from a Single Nematic Topological Defect,” Physical Review Letters 108, 087801 (2012).

150. M. Williams, M. Coles, K. Saadi, D. Bradshaw, and D. Andrews, “Optical Vortex Generation from Molecular Chromophore Arrays,” Physical Review Letters 111, 153603 (2013).

151. C. Shu－Chun, Y. Chao－Shun, and O. Kenju, “Vortex array laser beam generation from a Dove prism－embedded unbalanced Mach－Zehnder interferometer,” Opt. Express (2008).

152. T. Zeng, C. Chang, Z. Chen, H. T. Wang, and J. Ding, “Three－dimensional vectorial multifocal arrays created by pseudo－period encoding,” Journal of optics 20 (2018).

153. H. Ma, X. Li, Y. Tai, H. Li, J. Wang, M. Tang, J. Tang, Y. Wang, and Z. Nie, “Generation of circular optical vortex array,” Annalen Der Physik, 1700285 (2017).

154. 王亚军，李新忠，李贺贺，王静鸽，唐苗苗，汤洁，王屹山，聂兆刚，“完美涡旋光场的研究进展，”激光与光电子学进展 54，67－74（2017）.

155. X. Li, T. Tai, F. Lv, and Z. Nie, “Measuring the fractional topological

charge of LG beams by using interference intensity analysis," Optics Communications 334, 235–239 (2015).

156. 李新忠，孟莹，李贺贺，王静鸽，尹传磊，台玉萍，王辉，张利平，“完美涡旋光束的产生及其空间自由调控技术，”光学学报，36，1026018（2016）.

157. S. M. Barnett, and L. Allen, "Orbital angular momentum and nonparaxial light beams,"Optics Communications 110, 670–678 (1994).

158. J. Masajada, and B. A. Dubik, "Optical vortex generation by three plane wave interference," Optics Communications 198, 21–27 (2001).

159. S. Vyas, and P. Senthilkumaran, "Interferometric optical vortex array generator," Appl. Opt. 46, 2893–2898 (2007).

160. S. Vyas, and P. Senthilkumaran, "Vortex array generation by interference of spherical waves," Appl. Opt. 46, 7862–7867 (2007).

161. J. Masajada, A. Popiolek–Masajada, and M. Leniec, "Creation of vortex lattices by a wavefront division," Opt. Express 15, 5196–5207 (2007).

162. R. W. Schoonover, and T. D. Visser, "Creating polarization singularities with an N–pinhole interferometer," Physical Review A 79, (2009).

163. M. Pelton, K. Ladavac, and D. Grier, "Transport and fractionation in periodic potential–energy landscapes," Physical review. E, Statistical, nonlinear, and soft matter physics 70, 031108 (2004).

164. 张广才，万守鹏，何继荣，“数字图像处理技术与 MATLAB 应用，”软件 040，139–142（2019）.

165. A. Ashkin, and J. M. Dziedzic, "Optical levitation of liquid drops by radiation pressure," Science 187, 1073 (1975).

166. 葛剑徽，“光镊技术的原理及应用，” 临床和实验医学杂志，56–57（2006）.

167. R. Omori, T. Kobayashi, and A. Suzuki, "Observation of a single–beam gradient–force optical trap for dielectric particles in air," Opt. Lett. 22, 816 (1997).

168. S. Chu, "Laser manipulation of atoms and particles," Science 253, 861 (1991).

169. S. Chu, "Laser trapping of neutral particles," Scientific American 266, 70–77 (1992).

170. 刘喜斌，“光压的电磁理论和量子理论的探讨，”赣南师范学院学报 000，31－33（2001）.

171. 陈俊峰，张耀举，“聚焦平面波中介质球光阱力的计算，”温州大学学报（自然科学版），22－27（2008）.

172. Y. Harada, and T. Asakura, “Radiation forces on a dielectric sphere in the Rayleigh scattering regime,”Optics Communications 124, 529－541 (1996).

173. L. G. Wang, C. L. Zhao, L. Q. Wang, X. H. Lu, and S. Y. Zhu, “Effect of spatial coherence on radiation forces acting on a Rayleigh dielectric sphere,” Ol/32/11/ol Pdf 32, 1393－1390 (2007).

174. 喻有理，徐忠锋，李普选，“光梯度力与激光捕获，”大学物理 27，14－15（2008）.

175. E. Higurashi, H. Ukita, H. Tanaka, and O. Ohguchi, “Optically induced rotation of anisotropic micro－objects fabricated by surface micromachining,” Applied Physics Letters 64, 2209－2210 (1994).

176. J. Yuan, “The orbital angular momentum of light,” Progress in Optics 39, 291－372 (1999).

177. J. Leach, M. J. Padgett, S. M. Barnett, S. Franke－Arnold, and J. Courtial, “Measuring the orbital angular momentum of a single photon,” Phys. Rev. Lett 88, 257901 (2002).

178. G. C. G. Berkhout, and M. W. Beijersbergen, “Method for probing the orbital angular momentum of optical vortices in electromagnetic waves from astronomical objects,” Physical Review Letters 101, 100801 (2008).

179. G. Molina－Terriza, J. P. Torres, and L. Torner, “Management of the angular momentum of light: preparation of photons in multidimensional vector states of angular momentum,” Physical Review Letters 88, 013601 (2001).

180. S. D. H. Xia S Q, Tang H Q, et al, “Self－trapping and oscillation of quadruple beams in high band gap of 2D photonic lattices,” Chinese Optics Letters (2013).

181. X. Li, Y. Tai, Z. Nie, L. Zhang, and G. Yin, “Propagation properties of optical vortices in random speckle field based on Fresnel diffraction scheme,” Optics Communications 287, 6－11 (2013).

182. Y. Yang, Y. Dong, C. Zhao, and Y. Cai, “Generation and propagation of an anomalous vortex beam,” Opt. Lett. 38, 5418－5421 (2013).

183. Y. Yang, Y. Dong, C. Zhao, Y. Liu, and Y. Cai, “Autocorrelation properties of fully coherent beam with and without orbital angular momentum,” Opt. Express (2014).

184. P. Vaity, and R. P. Singh, “Topological charge dependent propagation of optical vortices under quadratic phase transformation,” Opt. Lett. 37, 1301 (2012).

185. P. Vaity, J. Banerji, and R. P. Singh, “Measuring the topological charge of an optical vortex by using a tilted convex lens,” Physics Letters A 377, 1154–1156 (2013).

186. C. S. Guo, L. L. Lu, and H. T. Wang, “Characterizing topological charge of optical vortices by using an annular aperture,” Opt. Lett. 34, 3686 (2009).

187. H. Tao, Y. Liu, Z. Chen, and J. Pu, “Measuring the topological charge of vortex beams by using an annular ellipse aperture,” Applied Physics B 106, 927–932 (2012).

188. Y. Han, and G. Zhao, “Measuring the topological charge of optical vortices with an axicon,” Opt. Lett. 36, 2017–2019 (2011).

189. J. M. Hickmann, E. J. S. Fonseca, W. C. Soares, and S. Chavez–Cerda, “Unveiling a truncated optical lattice associated with a triangular aperture using light's orbital angular momentum,” Physical Review Letters 105, 053904 (2010).

190. L. E. E. d. Araujo, and M. E. Anderson, “Measuring vortex charge with a triangular aperture,” Opt. Lett. 36, 787–789 (2011).

191. Mourka, Baumgartl, Shanor, Dholakia, E. M, and Wright, “Visualization of the birth of an optical vortex using diffraction from a triangular aperture,” Opt. Express (2011).

192. Y. Yang, M. Mazilu, and K. Dholakia, “Measuring the orbital angular momentum of partially coherent optical vortices through singularities in their cross–spectral density functions,” Opt. Lett. 37, 4949–4951 (2012).

193. Y. S. Kivshar, and E. A. Ostrovskaya, “Optical vortices folding and twisting waves of light,” Optics & Photonics News 12, 24–28 (2001).

194. P. Coullet, L. Gil, and F. Rocca, “Optical vortices,” Optics Communications 73, 403–408 (1989).

195. M. R. Dennis, K. O'Holleran, and M. J. Padgett, “singular optics: optical vortices and polarization singularities,” Progress in Optics 53, 293–363 (2009).

196. 位毅帆，“空心光束的产生及其在现代光学中的应用，” 内江科技

40，35+66（2019）.

197. 程科，向安平，钟先琼，“经光阑衍射的平顶涡旋光束位相奇点的演化特性，” 光子学报，936–945（2012）.

198. D. Rozas, Z. S. Sacks, and G. A. Swartzlander, “Experimental observation of fluidlike motion of optical vortices,” Phys. Rev. Lett 79, 3399–3402 (1997).

199. 王海燕，陈川琳，杜家磊，毕小稳，“贝塞尔高斯涡旋光束在大气湍流中的传输特性，” 光子学报 42（2013）.

200. Z. J. Gan X, Liu S etc, “Generation and motion control of optical multi–vortex,” Chinese Optics Letters 12, 82–85 (2009).

201. G. A. Swartzlander, and C. T. Law, “Optical vortex solitons observed in Kerr nonlinear media,” Physical Review Letters 69, 2503 (1992).

202. X. Gan, P. Zhang, S. Liu, Y. Zheng, and Z. Chen, “Stabilization and breakup of optical vortices in presence of hybrid nonlinearity,” Opt. Express 17, 23130–23136 (2009).

203. Y. S. Kivshar, “Optical vortices and vortex solitons,” Proceedings of Spie the International Society for Optical Engineering 5508, 16–31 (2004).

204. G. Xue–Tao, Z. Peng, L. Sheng, X. Fa–Jun, and Z. Jian–Lin, “Solitary wave evolution of optical planar vortices in self–defocusing photorefractive media,” Chinese Physics Letters 25, 3280–3283 (2008).

205. A. V. Mamaev, M. Saffman, and A. A. Zozulya, “Decay of high order optical vortices in anisotropic nonlinear optical media,” Physical Review Letters 78, 2108–2111 (1997).

206. B. Feng, X. T. Gan, S. Liu, and J. L. Zhao, “Transformation of multi–edge–dislocations to screw–dislocations in optical field,” Acta Physica Sinica Chinese Edition 60, 1358–1364 (2011).

207. 朱艳英，沈军峰，窦红星，李云涛，魏勇，徐雪楠，“计算全息法获取高阶类贝塞尔光束的新设计，” 光电子·激光，1263–1268（2011）.

208. O. Brzobohat, T. Cizmár, and P. Zemánek, “High quality quasi–Bessel beam generated by round–tip axicon,” Opt. Express 16, 12688 (2008).

209. 齐晓庆，高春清，刘义东，“利用相位型衍射光栅生成能量按比例分布的多个螺旋光束的研究，” 物理学报 059，264–270（2010）.

210. 陈光明，林惠川，蒲继雄，“轴棱锥聚焦涡旋光束获得高阶贝塞尔光束，” 光电子：激光（2011）.

211. J. Chen, D. Kuang, M. Gui, and Z. Fang，“Generation of optical vortex using a spiral phase plate fabricated in quartz by direct laser writing and inductively coupled plasma etching，” Chinese Phys. Lett. 26，102–104（2009）.

212. S. Akturk, C. Arnold, B. Prade, and A. Mysyrowicz, “Generation of high quality tunable Bessel beams using a liquid–immersion axicon,” Optics Communications 282 (2009).

213. I. Kimel, and L. R. Elias, “Relations between Hermite and Laguerre Gaussian modes,” Quantum Electronics IEEE Journal of 29, 2562–2567 (1993).

214. A. T. O'Neil, and J. Courtial, “Mode transformations in terms of the constituent Hermite–Gaussian or Laguerre–Gaussian modes and the variable-phase mode converter,” Optics Communications 181, 35–45 (2000).

215. S. Xia, D. Song, L. Tang, C. Lou, and Y. Li，“Self–trapping and oscillation of quadruple beams in high band gap of 2D photonic lattices，” Chinese Optics Letters，21–24（2013）.

216. H. I. Sztul, and R. R. Alfano, “Double–slit interference with Laguerre–Gaussian beams,” Opt. Lett. 31, 999–1001 (2006).

217. J. Leach, J. Courtial, K. Skeldon, S. M. Barnett, S. Franke–Arnold, and M. J. Padgett, “Interferometric methods to measure orbital and spin, or the total angular momentum of a single photon,” Physical Review Letters 92, 013601 (2004).

218. Y. Liu, S. Sun, J. Pu, and B. Lü, “Propagation of an optical vortex beam through a diamond–shaped aperture,” Optics & Laser Technology (2013).

219. H. C. Huang, Y. T. Lin, and M. F. Shih, “Measuring the fractional orbital angular momentum of a vortex light beam by cascaded Mach–Zehnder interferometers,” Optics Communications 285, 383–388 (2012).

220. F. Lv, X. Li, Y. Tai, L. Zhang, Z. Nie, and Q. Chen, “High–order topological charges measurement of LG vortex beams with a modified Mach–Zehnder interferometer,” Optik–International Journal for Light and Electron Optics 126, 4378–4381 (2015).

221. Thuy T. M. Ngo, Q. Zhang, R. Zhou, Jaya G. Yodh, and T. Ha, “Asymmetric unwrapping of nucleosomes under tension directed by DNA local flexibility,” Cell 160, 1135–1144 (2015).

222. M. Tardif, J. B. Jager, P. R. Marcoux, K. Uchiyamada, E. Picard, E.

Hadji, and D. Peyrade, "Single-cell bacterium identification with a SOI optical microcavity," Applied Physics Letters 109, 1517-1128 (2016).

223. S. Eckel, A. Kumar, T. Jacobson, I. B. Spielman, and G. K. Campbell, "A rapidly expanding bose-einstein condensate:an expanding universe in the lab," Physical Review X 8, 021021 (2018).

224. R. Reimann, M. Doderer, E. Hebestreit, R. Diehl, M. Frimmer, D. Windey, F. Tebbenjohanns, and L. Novotny, "GHz rotation of an optically trapped nanoparticle in vacuum," Physical Review Letters 121, 033602. 033601-033602. 033605 (2018).

225. J. Ahn, Z. Xu, J. Bang, Y. H. Deng, T. M. Hoang, Q. Han, R. M. Ma, and T. Li, "Optically levitated nanodumbbell torsion balance and GHz nanomechanical rotor," Physical Review Letters 121, 033603. 033601-033603. 033605 (2018).

226. Y. Zhang, J. Shen, C. Min, Y. Jin, Y. Jiang, J. Liu, S. Zhu, Y. Sheng, A. V. Zayats, and X. Yuan, "Nonlinearity-induced multiplexed optical trapping and manipulation with femtosecond vector beams," Nano Letters 18, 9, 5538-5543 (2018).

227. P. G. Bassindale, D. B. Phillips, A. C. Barnes, and B. W. Drinkwater, "Measurements of the force fields within an acoustic standing wave using holographic optical tweezers," Applied Physics Letters 104, 41 (2014).

228. A. Ashkin, "Acceleration and Trapping of Particles by Radiation Pressure," Phys. rev. lett 24, 156-159 (1970).

229. A. Ashkin, J. M. Dziedzic, J. E. Bjorkholm, and S. Chu, " Observation of a single-beam gradient force optical trap for dielectric particles," Optics Letters 11, 290 (1986).

230. Melissa K. Gardner, Blake D. Charlebois, Imre M. Jánosi, Jonathon Howard, Alan J. Hunt and David J. Odde, "Rapid microtubule self-assembly kinetics," Cell (2014).

231. 王希瑞，郑旭阳，李新忠，巩晓阳，王辉，王静鸽，"涡旋光束拓扑荷值的柱面镜测量方法研究，" 激光杂志，26-28（2016）.

232. M. E. Arsenault, Y. Sun, H. H. Bau, and Y. E. Goldman, "A novel method for investigating the azimuthal rotation of molecular motors utilizing dielectrophoresis and optical tweezers," Biophysical Journal 96, 289a (2009).

233. L. Zhu, Z. Guo, Q. Xu, J. Zhang, A. Zhang, W. Wang, Y. Liu, Y. Li, X.

Wang, and S. Qu, “Calculating the torque of the optical vortex tweezer to the ellipsoidal micro–particles,” Optics Communications 354, 34–39 (2015).

234. V. V. Kotlyar, A. A. Kovalev, and A. P. Porfirev, “An optical tweezer in asymmetrical vortex Bessel–Gaussian beams,” Journal of Applied Physics 120, 023101 (2016).

235. Z. Xiaoming, C. Ziyang, L. Zetian, and P. Jixiong, “Experimental investigation on optical vortex tweezers for microbubble trapping,” Open Physics 16, 383–386.

236. 高红芳，任煜轩，刘伟伟，李银妹，“酵母细胞在涡旋光阱中的旋转动力学研究，” 中国激光 038，107–112（2011）.

237. A. T. O'Neil, I. MacVicar, L. Allen, M. J. Padgett, “Intrinsic and Extrinsic Nature of the Orbital Angular Momentum of a Light Beam,” Physical Review Letters (2002).

238. 李静，朱春丽，伍小平. 全息光镊（科学出版社，2015）.

239. 李银妹，姚焜. 光镊技术（科学出版社，2015）.

240. A. Ashkin, J. M. Dziedzic, J. E. Bjorkholm, and S. Chu, “Observation of a single–beam gradient force optical trap for dielectric particles,” Opt. Lett. 11, 288 (1986).

241. 孙晴，任煜轩，姚焜，李银妹，卢荣德，“阵列光镊衍射元件的算法设计，” 中国激光 38，232–236（2011）.

242. 李银妹，楼立人，操传顺，“像散椭球高斯光束的理论分析与实验模拟，” 光学学报 19，428–432（1999）.

243. 邢岐荣，毛方林，柴路，王清月，“飞秒激光光镊轴向力的计算与分析，” 中国激光，445–448（2004）.

244. Y. Ren, J. Wu, M. Zhong, and Y. Li, “Monte–Carlo simulation of effective stiffness of time–sharing optical tweezers,” Chinese Optics Letters (2010).

245. 吴忠福，刘志海，郭成凯，杨军，苑立波，“两种单光纤光镊捕获效果的数值仿真与实验研究，” 光学学报，1971–1976（2008）.

246. L. Allen, M. Beijersbergen, R. Spreeuw, and J. Woerdman, “Orbital angular momentum of light and transformation of Laguerre Gaussian Laser modes,” Physical review. A 45, 8185–8189 (1992).

247. M. W. Beijersbergen, R. P. C. Coerwinkel, M. Kristensen, and J. P.

Woerdman, “Helical–wavefront laser beams produced with a spiral phaseplate,” Optics Communications (1994).

248. N. R. Heckenberg, R. Mcduff, C. P. Smith, and A. G. White, “Generation of optical phase singularities by computer–generated holograms,” Opt. Lett. 17, 221 (1992).

249. J. García–García, C. Rickenstorff–Parrao, R. Ramos–García, V. Arrizón, and A. S. Ostrovsky, “Simple technique for generating the perfect optical vortex,” Opt. Lett. 39, 5305–5308 (2014).

250. 李新忠，孟莹，李贺贺，王静鸽，尹传磊，台玉萍，王辉，张利平，“完美涡旋光束的产生及其空间自由调控技术，” 光学学报 36（2016）.

251. A. Canaguier–Durand, A. Cuche, C. Genet, and T. W. Ebbesen, “Force and torque on an electric dipole by spinning light fields,” Physical Review A 88, 3181–3185 (2013).

252. Marqués, and I. Manuel, “Beam configuration proposal to verify that scattering forces come from the orbital part of the Poynting vector,” Opt. Lett. 39, 5122–5125 (2014).

253. D. B. Ruffner, and D. G. Grier, “Optical Forces and Torques in Nonuniform Beams of Light,” Physical Review Letters 108, 173602 (2012).

254. Y. Zhang, Y. Xue, Z. Zhu, G. Rui, and B. Gu, “Theoretical investigation on asymmetrical spinning and orbiting motions of particles in a tightly focused power–exponent azimuthal–variant vector field,” Opt. Express 26, 4318 (2018).

255. E. J. G. Peterman, and G. J. L. Wuite, “Introduction to Optical Tweezers: Background, System Designs, and Commercial Solutions,” 10. 1007/978–1–61779–282–3, 1–20 (2018).

256. 李静，朱春丽，伍小平，全息光镊（科学出版社，2015）.

257. A. M. Yao, and M. J. Padgett, “Orbital angular momentum:origins, behavior and applications,” Adv. Opt. Photon. 3, 161–204 (2011).

258. O. M. Maragò, P. H. Jones, P. G. Gucciardi, G. Volpe, and A. C. Ferrari, “Optical trapping and manipulation of nanostructures,” Nature Nanotechnology 8, 807–819 (2013).

259. G. Gibson, J. Courtial, M. J. Padgett, M. Vasnetsov, and S. Franke–Arnold, “Free–space information transfer using light beams carrying orbital angular momentum,” Opt. Express 12, 5448–5456 (2004).

260. P. Gregg, P. Kristensen, and S. Ramachandran, "13. 4km OAM state propagation by recirculating fiber loop," Opt. Express 24, 18938–18947 (2016).

261. J. Liu, and J. Wang, "Polarization–insensitive PAM–4–carrying free–space orbital angular momentum (OAM)communications," Opt. Express 24, 4258 (2016).

262. H. H. A. E. Willner, Y. Yan, Y. Ren, N. Ahmed, G. Xie, C. Bao, L. Li, Y. Cao, Z. Zhao, J. Wang, M. P. J. Lavery, M. Tur, S. Ramachandran, A. F. Molisch, N. Ashrafi, S. Ashrafi, , "Optical communications using orbital angular momentum beams," Adv. Opt. Photon. (2015).

263. J. Ye, Y. Li, Y. Han, D. Deng, Z. Guo, J. Gao, Q. Sun, Y. Liu, and S. Qu, "Excitation and separation of vortex modes in twisted air–core fiber," Opt. Express 24, 8310 (2016).

264. A. I. Lvovsky, B. C. Sanders, and W. Tittel, "Optical quantum memory," Nature Photonics 3, 706–714 (2009).

265. M. Zhao, X. Gao, M. Xie, W. Zhai, W. Xu, S. Huang, and W. Gu, "Measurement of the rotational Doppler frequency shift of a spinning object using a radio frequency orbital angular momentum beam," Opt. Lett. 41, 2549 (2016).

266. G. H. Sendra, H. J. Rabal, R. Arizaga, and M. Trivi, "Vortex analysis in dynamic speckle images," J Opt Soc Am A Opt Image Vis 26, 2634–2639 (2009).

267. S. Ramachandran, and P. Kristensen, "Optical vortices in fiber," Nanophotonics 2, 455–474 (2013).

268. Xinzhong Li, Haixiang Ma, Chuanlei Yin, Jie Tang, Hehe Li, and Miaomiao Tang, J. G. Wang, Y. P. Tai, X. F. Li, Y. S. Wang, "Controllable mode transformation in perfect optical vortices," Opt. Express (2018).

269. A. Ashkin, J. M. Dziedzic, J. E. Bjorkholm, and S. Chu, "Observation of a single–beam gradient force optical trap for dielectric particles," 196–198 (2016).

270. H. He, N. R. Heckenberg, and H. Rubinsztein–Dunlop, "Optical particle trapping with higher–order doughnut beams produced using high efficiency computer generated holograms," Journal of Modern Optics 42, 217–223 (1995).

271. Mingzhou Chen, Michael Mazilu, Yoshihiko Arita, Ewan M. Wright, and Kishan Dholakia, "Dynamics of microparticles trapped in a perfect vortex

beam," Opt. Lett. (2013).

272. L. Yansheng, L. Ming, Y. Shaohui, L. Manman, C. Yanan, W. Zhaojun, Y. Xianghua, and Y. Baoli, "Rotating of low-refractive-index microparticles with a quasi-perfect optical vortex," Appl Opt 57, 79-84 (2018).

273. V. V. Kotlyar, A. A. Kovalev, and A. P. Porfirev, "Elliptic perfect optical vortices," Optik-International Journal for Light and Electron Optics 156, 49-59 (2018).

274. J. E. Melzer, and E. Mcleod, "Fundamental limits of optical tweezer nanoparticle manipulation speeds," Acs Nano, acsnano. 7b07914 (2018).